REMARQUES

DE

CHYMIE

TOUCHANT

LA PRÉPARATION

DE

D'IFFERENS REMEDES

USITÉS DANS LA PRATIQUE

DE

LA MEDECINE.

A PARIS,

Chez DIDOT, à l'entrée du Quay des Augustins,
du côté du Pont S. Michel, à la Bible d'Or.

MDCCXXXV.

Avec Approbation & Privilege du Roy.

LETTRE

DE

L'AUTEUR

ONSIEUR,

J'ai reçû le 12 de Février dernier, le Traité de Chymie que vous m'avez envoyé. J'y ai trouvé bien des fautes qui pourroient être de conſequence pour les Etudians en Chymie, s'ils n'en étoient avertis. C'eſt pour eux que je donne ces Remarques. Ce-

pendant vous les ferez imprimer, ou vous les supprimerez,
selon qu'il vous semblera à propos : je les soûmets à votre juge-
ment. Je n'ai donné jusques ici,
comme vous sçavez, aucun Ouvrage au Public, & n'ai même
jamais été touché de l'envie de
faire un Livre, encore moins de
celle de censurer personne ; mais
je n'ai pû m'empêcher de prendre
la plume, en lisant le Traité dont
il s'agit. Je suis, &c.

Ce 7 Avril 1735.

AVIS
DE L'EDITEUR.

LEs Livres les moins exacts ne font pas les moins utiles, lorfque les fautes qu'ils renferment donnent lieu à des remarques auffi importantes que celles que l'on trouvera ici au fujet d'un petit Livre intitulé : *Traité de Chymie, contenant la maniere de préparer les Remedes les plus en ufage dans la pratique de la Medecine, &c. A Paris, chez Guillaume Cavelier, rue S. Jacques, au Lys d'or, 1734.*

Les Etudians en Chymie découvriront par le moyen de ces Remarques, finon toutes les erreurs du Traité en queftion, du

moins un nombre fuffifant de celles qui y font répandues, & dont
la plûpart pourroient les écarter
du chemin qu'ils doivent tenir
pour arriver à cette fcience.

Ce n'eft point ici un ouvrage
polémique. L'Auteur de qui nous
le tenons, ne s'embarraffe nulle-
ment de ces démêlés perfonnels
qui s'élevent entre certains Ecri-
vains. Ces fortes de difputes tou-
chent peu le Public; auffi le Public les traite-t'il avec l'indifferen-
ce dont elles font dignes : il laiffe
les Champions fe battre feuls fur
l'aréne, & tandis que ceux-ci
croyent que tout le monde a les
yeux fixés fur eux, ils ont le fort de
n'être regardés de perfonne.

Quant à nous, à qui les *Remar-*
ques dont il s'agit, ont été envoyées,

nous les donnons telles que nous les avons reçûes de l'Auteur , & nous proteſtons que nous n'avons pas moins d'éloignement que lui pour tout ce qui ſent l'altercation ; nous ajouterons même que ſi l'Ouvrage que voici , n'avoit pas été auſſi exempt qu'il l'eſt, de toute vaine diſpute , nous nous ſerions bien gardés d'en procurer l'édition.

L'ordre que l'Auteur y ſuit, eſt tout ſimple, c'eſt celui des pages du Traité de Chymie, comme on le va voir d'abord.

Au reſte, ces Remarques, ainſi qu'il paroîtra par quelques-unes des premieres & par quelques autres , ne regardent pas toutes des préparations de remedes ; mais comme il y en a très-peu qui ne roulent fur ce fujet, nous avons crû les pouvoir comprendre toutes fous le titre que nous avons mis.

REMARQUES

REMARQUES

DE

CHYMIE,

TOUCHANT

*La préparation de différens re-
medes usités dans la Pratique
de la Medecine.*

AGE 3ᵉ du Traité de
Chymie, lig. 9 On lit:
» Etienne de Byfance
» nomme l'Egypte γῆ
» ἱφαιϛία, la terre de Vulcain.
» Ce feroit donc dans ce Païs où la
» Chymie paroîtroit avoir pris naif-
» fance, parce que Vulcain s'y eft
» rendu fameux par fon art de tra-

B

» vailler les métaux, ce qui fit
» qu'on lui bâtit un Temple très-
» renommé dans Memphis, au-
» jourd'hui le grand Caire. * Ce
» Temple étoit deſſervi par des
» Prêtres illuſtres par leur profond
» ſçavoir en Phyſique. Vulcain eut
» auſſi dans cette même Ville des
» Laboratoires. Il ne s'enſuit pour-
» tant pas qu'on doive pour cela
» regarder Vulcain ou Tubalcain,
» comme un Philoſophe chymiſte.
» Il eſt plus vraiſemblable qu'il ait
» été un grand Forgeron.

   Remarque. 1°. de ce qu'Etienne de Byſance nomme l'Egypte, la terre de Vulcain, on conclud ici *que ce ſeroit donc dans l'Egypte que la Chymie paroîtroit avoir pris naiſ- ſance.* Pour confirmer cette penſée on ajoute, que Vulcain s'eſt

   * Memphis n'eſt point ce qu'on entend au- jourd'hui par le grand Caire. Memphis étoit ſituée ſur le bord occidental du Nil ; & le grand Caire eſt ſitué ſur le bord oriental de ce fleuve ; ſoit dit en paſſant.

rendu fameux dans ce Païs-là par
son art de travailler les métaux, &
que c'est pourquoi *on lui bâtit dans
Memphis un Temple.* 2°. On dit que
Vulcain eut dans cette même Ville
des Laboratoires; mais qu'il ne s'ensuit pas qu'on doive regarder pour
cela Vulcain comme un Philoso-
phe chymiste, & qu'*il est plus vrai-
semblable qu'il ait été seulement un
grand Forgeron.* Comment accorder ce dernier article avec les deux
précedens; sçavoir 1°. que la Chymie *paroît avoir pris naissance dans
l'Egypte, parce que Vulcain s'y est rendu fameux par son art de travailler
les métaux, ce qui fit qu'on lui bâtit
un Temple dans Memphis?* 2°. Que
ce Vulcain eut aussi dans cette même Ville des *Laboratoires?*

Ce dernier fait, sur-tout, paroît
bien convenable à un Chymiste;
car il n'est guéres ordinaire aux
Forgerons d'avoir des *Laboratoires.*
Page 5. à la marge inférieure, On

lit : » la Chymie étoit une Science
» caballiftique des Juifs, laquelle
» fut perdue avec les autres anti-
» quités Juives dans la deftruction
» de Jerufalem par Titus, & ce qui
» échappa de ces antiquités fut ra-
» maffé par un Juif nommé *Rabbi*.

Rem. Le Juif qui ramaffa ces antiquités , fe nommroit *Jokanan* ;
notre Auteur dit qu'il fe nommoit
Rabbi; mais peut-on ignorer que le
mot *Rabbi* chez les Juifs, n'étoit qu'
un titre d'honneur, comme pourroit être celui de *Maître*, de *Monfieur*, de *Meffire*, ou autre fembla-
ble ? Enforte que de dire comme
on fait ici, que ce Juif fe nommoit
Rabbi, c'eft comme fi l'on difoit
qu'il fe nommoit *Meffire* ou *Maître*;
ou comme fi , au lieu de dire que
le Traité de Chymie dont il s'agit
dans ces Remarques , eft fait par
Monfieur Malouin , on difoit qu'il
eft fait par une perfonne nommée
Monfieur.

Page

Page 22. l. 9. On lit : * » Il n'en
» est pas de la Chymie comme des
» autres Sciences, où il faut aller
» jusqu'aux premieres causes. Dans
» la plûpart des Sciences, comme
» dans la Géométrie, il n'y a, pour
» ainsi dire, que ce que l'esprit hu-
» main y a mis, au lieu que la na-
» ture a employé dans la structure
» des corps, une méchanique qui
» nous échappe absolument ; de là
» viennent toutes ces qualités oc-
» cultes, l'attraction, le magnétis-
» me, &c. qui sont pour nous des
» merveilles incompréhensibles,
» ou du moins inexplicables.

Rem. Nous n'examinerons point
ici ce que veulent dire ces paroles:
*qu'il n'en est pas de la Chymie comme
des autres Sciences où il faut aller jusques aux premieres causes.* Nous nous
bornerons à cette seule proposition : que *dans la Géométrie il n'y a,*

* Voyez le Journal des Sçavans, mois d'O-
ctobre de l'année derniere, article dernier.

C

pour ainsi dire, que ce que l'esprit humain y a mis, & la-dessus nous observons que ce n'est point l'esprit qui est cause, par exemple, que les trois angles du triangle sont égaux à deux droits plûtôt qu'à trois, ni que le prisme est égal à trois pyramides de même base & de même hauteur, plûtôt qu'à quatre. Ces vérités dépendent aussi peu de l'esprit humain, qu'il dépend peu des Chymistes qu'il y ait des acides dans le souphre commun.

Le Pere Malebranche a solidement établi après S. Augustin, que les vérités géométriques sont éternelles, immuables, nécessaires, & par conséquent indépendantes de l'esprit humain. *Quis mente tam cæcus est,* dit S. Augustin, *qui non videat istas figuras quæ in Geometria docentur, habitare in ipsa veritate?* Solil. l. 2.

Si l'esprit humain avoit mis dans

la Géométrie ce qui y eſt, tous les eſprits ne ſe réuniroient pas à avoir, par exemple, la même idée du cercle, ni à convenir que tous les diamétres d'un même cercle ſont égaux. Or puiſqu'ils s'y réuniſſent tous, il eſt évident qu'ils apperçoivent tous de la même façon, le cercle & les rapports qu'il renferme, & s'ils l'apperçoivent tous de la même maniere, il s'enſuit que ces vérités ne dépendent pas de l'eſprit humain.

C'eſt dans la vérité par eſſence, ainſi que le remarque S. Auguſtin, qu'habitent comme dans leur unique ſource, ces vérités éternelles, *Quis mente tam cæcus eſt*, &c. Croire que l'homme puiſſe tirer de ſon propre fond, de telles vérités, c'eſt ne connoître ni la nature de ces vérités, ni celle de l'eſprit humain. *Quis mente tam cæcus eſt*, &c.

P. 27. l. 1ʳᵉ, On lit : » Les Chymiſtes regardent l'eau comme un

» principe paffif; cependant tout
» le monde fçait que l'activité du
» fel vient de l'eau. L'huile même
» & la terre paroiffent ne pouvoir
» agir fans l'eau ; c'eft d'elle que
» l'huile tient fa fluidité.

Rem. 1°. Au lieu de dire : les Chymiftes regardent l'eau comme un principe paffif, il falloit dire, quelques Chymiftes, &c.

2°. Au lieu de fe borner à dire : *c'eft de l'eau que l'huile tient fa fluidité*, il falloit prouver la propofition, autrement c'eft donner pour un axiome, ce qui eft bien éloigné d'en être un.

3°. L'Auteur obferve plus haut, c'eft p. 23. que l'huile & l'eau ne peuvent fe mêler enfemble. Il a raifon ; mais il falloit montrer que les deux propofitions fuivantes ne fe contrarient point, comme en effet elles ne fe contrarient nulle-ment : fçavoir 1°. Que l'huile eft mêlée d'eau, puifqu'elle peut fe

décomposer en terre & en eau.
2°. Que l'huile & l'eau ne peuvent
se mêler ensemble. L'Auteur garde cependant là-dessus un profond
silence.

3°. Il falloit observer que l'huile
peut être décomposée en terre,
en eau, & en SEL , soit sous une
forme solide, soit sous une forme
liquide , mais plus souvent sous
cette derniere.

P. 30. l. 5. On lit : » Il ne seroit
» peut-être pas impossible de dé-
» terminer quelle est la grosseur
» des parties de l'eau, en connois-
» sant le diamétre des tuyaux les
» plus fins par lesquels elle peut
» entrer.

Rem. Les microscopes qui ont
fait appercevoir des animaux vingt-
sept millions * de fois plus petits
que le ciron, les ont fait voir na-
geants dans de l'eau. Cette eau a pa-
ru aux Observateurs, toute sembla-

* Hist. de l'Acad. année 1718. p. 9.

ble à celle que nous voyons tous les jours ; ils ne font pas parvenus à découvrir les dernieres parties de l'eau.

L'Auteur femble cependant, ne pas defefperer de déterminer un jour la groffeur de ces parties, en connoiffant, *dit-il*, le diamétre des tuyaux les plus fins, par lef-quels l'eau peut entrer.

La délicateffe requife de ces tuyaux ne le rebute point. Mais fi les parties de l'eau font encore plus petites que ces animaux vingt-fept millions de fois plus petits que le ciron, comme il y a bien de l'apparence, comment pourra-t-on s'y prendre, pour conftruire des tuyaux d'une petiteffe proportion-née aux parties dont il s'agit ? Ces animaux vingt - fept millions de fois plus petits que le ciron, font des ouvrages de la nature ; mais pour les tuyaux dont il s'agit, il les faudra fabriquer, comment s'y

prendre pour en venir à bout ?
Nous laiſſons à notre Auteur à le
dire.

P. 40. l. 3. On lit : » Les métaux
» imparfaits ſe gâtent avec le tems,
» & ils ne peuvent être expoſés à
» l'action du feu ſans ſe détruire.
Ces métaux ſont le cuivre, l'étain,
le fer & le plomb.

Rem. Les métaux imparfaits
expoſés à l'action du feu, ſouffrent
des pertes ; la violence de cet
agent les prive même du principe
huileux qui leur donnoit la forme
métallique ; tous les métaux ſont
ſujets à cette loi. Mais on ne doit
pas pour cela, lorſqu'ils ſont en cet
état, les regarder comme détruits,
puiſqu'on peut leur rendre ce que
le feu leur a enlevé, & les rétablir
par ce moyen dans leur premiere
forme.

P. 42. l. 2. On lit : » Le ſel des
» métaux paroît être de la nature
» du vitriol.

Rem. Le sel des métaux est un sel étranger ; il leur est uni , mais il n'entre pas dans leur composition. Le Fer privé des acides vitrioli-ques engagés dans ses pores , ne cesse pas d'être Fer. Il en est ainsi des autres métaux. Quoique l'Auteur détermine en divers endroits de son Livre, les principes qui entrent dans la composition des métaux , il n'en est pas plus avancé pour cela, que la plûpart des Chymistes , qui , fondés sur un grand nombre d'observations , regardent les métaux , tant parfaits , qu'imparfaits , comme des corps inde-structibles.

P. 55. l. 7. On lit : » On pourroit » faire des poudres fulminantes de » tous les métaux , pourvû qu'on » trouvât des précipitans de telle » nature , qu'ils pussent boucher » exactement les pores des métaux » dissous, comme le Tartre bou-» che ceux de l'or. « C'est un riche sujet

» ſujet de recherches pour ceux
» qui en ont le tems,

Rem. L'Auteur auroit dû donner ici quelque ouverture pour
rendre, par exemple, l'argent fulminant, le cuivre fulminant ; les
Chymiſtes n'auroient pas manqué
de profiter de cette ouverture :
mais l'Auteur les laiſſe là ſans les
mettre ſur les voyes. Il auroit dû
montrer comment le Tartre bou-
che les pores de l'or, & contribue
par-là à le rendre fulminant dans
cette opération où l'on employe
l'huile de Tartre par défaillance,
qui n'eſt autre choſe que le ſel
alkali de Tartre réſout par l'humidité de l'air. Mais il ſe taît là-deſ-
ſus, & il a raiſon.

P. 65. l. 25. On lit : » Le Plomb
» renferme dans lui quelque cho-
» ſe de bien contraire à la ſanté ;
» ceux qui travaillent aux mines
» de Plomb ſont ſujets à trembler
» de tous les membres, & à lan-

» guir en confomption. Il eſt éton-
» nant que le plomb diviſé ou
» diſſous ait de ſi pernicieux ef-
» fets ; au lieu que lorſqu'on le
» laiſſe dans ſon entier , & qu'on
» l'applique extérieurement , il a
» d'excellentes qualités. Il eſt ,
» pour ainſi dire, ami des chairs,
» les ulcéres ſe nétoyent & ſe ci-
» catriſent ſouvent mieux ſous
» une plaque de plomb, que ſous
» la plûpart des emplâtres. On le
» fait entrer dans la compoſition
» de beaucoup d'onguents &
» d'emplâtres.

Rem. 1°. Les tremblemens &
la confomption ſont des ſymptô-
mes ordinaires à ceux qui travaillent à la fonte du plomb , mais il
ne fait aucun mal aux mineurs.

2°. Le plomb appliqué extérieurement eſt ami des chairs , &
cette qualité que l'Auteur trouve
étonnante n'a rien d'étonnant
quand on fait réfléxion que le

plomb contient un souphre en-
gourdissant capable d'appaiser les
plus vives inflammations, en dimi-
nuant la trop grande tension des fibres ; d'ailleurs si l'on voit des ulce-
res *se cicatriser mieux sous une plaque*
de plomb, que sous la plûpart des emplâ-
tres, cela vient de la pesanteur du
plomb. Cette pesanteur est amie
des chairs en ce qu'elle s'oppose
à la production des chairs baveu-
ses qui empêchent la cicatrice ;
ce que ne peuvent faire la plûpart des emplâtres. C'est ainsi que
dans l'opération du trépan, la petite lame de plomb qu'on applique sur l'endroit de la dure mere
qui est à découvert, empêche les
excroissances fongueuses ausquel-
les le boursouflement où se trouve
alors cette membrane, donne occasion. La dure mere n'étant plus
soûtenue, l'effort du sang qui y
circule, force le ressort des vaisseaux & y produit par ce moyen

les excroiſſances dont il s'agit. Si l'on donne un appui à ces vaiſ-feaux, on épargne au malade l'action des eſcarrotiques, laquelle èſt toujours fâcheuſe & très-fou-vent funeſte.

P. 68. l. 8. On lit : » Le Sel de » Saturne mis à la diſtillation, » donne une eau , puis un eſprit » ardent, que l'on vante comme » un excellent diſſolvant des per- » les ; & enfin une huile de mau- » vaiſe odeur. Ces principes ſont » ceux du vinaigre , ils ne ſont » point propres au ſel de Satur- » ne , puiſque lorſqu'il eſt fait de » la diſſolution faire avec l'eſprit » de ſouphre , il ne donne point » ces principes.

Rem. Si le Sel de Saturne mis à la diſtillation , donne un eſprit ardent , on doit penſer que cet eſ-prit ardent s'eſt formé par la diſ-folution du plomb & des acides du vinaigre , & qu'il réſulte de

leur

leur union, puisque le Vinaigre ni le Plomb ne sont en état de fournir séparément d'eux-mêmes une seule goute d'esprit ardent. Dans cette opération le Vinaigre fournit les acides, & le Plomb fournit des parties grasses qui enveloppent les acides. L'adoucissement du Vinaigre par son union avec le Plomb, consiste en ce que les acides du Vinaigre s'enveloppent d'huile.

Cependant l'Auteur prétend que les principes qui viennent par la distillation du Sel de Saturne sont ceux du Vinaigre. Il se fonde sur ce que la dissolution du Plomb faite avec l'esprit de Souphre, ne donne point ces principes; mais où a-t-il vû que les acides vitrioliques unis à des parties grasses produisent un esprit ardent? Cette union donnera un Souphre semblable au Souphre commun; mais ce n'est point là un esprit ardent. Il faut que l'Auteur convienne qu'il y a des différences très-marquées entre les acides Minéraux & les acides Végetaux ; les Cryſtaux de Vénus faits par les acides du Vinaigre étant mis à la diſtillation ne donnent point un esprit ardent, mais un esprit acide ; d'où il faut conclure, 1°. Que le Cuivre contient moins de parties huileuſes que le Plomb : 2°. Que les acides du Vinaigre entrant dans le Plomb s'y engraiſſent & s'y adouciſſent, parce qu'ils prennent autant de parties huileuſes qu'il leur en faut pour recouvrer l'ancienne forme que la fermentation leur avoit fait perdre : 3°. Que la fermentation qui ſe paſſe dans le mêlange du Plomb & des acides du Vinaigre eſt une fermentation de compoſition, par laquelle les acides du Vinaigre ſe rétabliſſent dans les mêmes proprietés dont ils jouiſſoient ſous la forme du Vin.

Même pag. 68. l. 17. On lit :
» Quoique le Vinaigre soit le dis-
» solvant du Plomb , on peut ce-
» pendant se servir d'un acide Mi-
» néral comme de celui du Sou-
» phre. On prend de l'esprit de
» Souphre, on y mêle de l'eau com-
» mune pour le mettre au degré
» d'acidité où est le Vinaigre.
» Après s'en être assûré par le goût ,
» on le verse sur de la Céruse ; la
» dissolution s'en fait en 24 heures
» comme avec le Vinaigre. Après
» l'avoir filtrée on la fait évaporer
» & on la met à cristalliser. Cette
» opération donnera un Sel de Sa-
» turne. On peut aussi se servir de
» l'esprit de Nitre pour la dissolu-
» tion du Plomb ; & le Sel de Sa-
» turne préparé de cette dissolu-
» tion , fuse sur les charbons ar-
» dens , à peu près comme fait le
» Nitre , & quand on l'expose
» dans un creuset sur le feu , il ful-
» mine.

E ij

Rem. L'Auteur devoit avertir, 1°. Que ces différentes préparations du Sel de Saturne donnent des Sels de Saturne différens. 2°. Que ces Sels peuvent, à la vérité, fervir aux expériences dont il vient de parler ; mais que s'il s'agit de l'ufage médicinal, on doit employer la préparation ordinaire. Cela eft de conféquence.

P. 74. l. 27. On lit : » Plufieurs » Naturaliftes croyent qu'il fe trou- » ve du fer fur toute la furface de la » terre. D'autres ont été plus loin & » ont dit, qu'il y avoit du fer dans » tout. Ils ont cru en appercevoir » dans les aîles des Papillons, parce » qu'ils regardoient comme un » principe reçu que tout ce que » l'Aimant attire eft du fer. Cepen- » dant le fer doit être rouillé dans » les matieres où on croit l'apperce- » voir, comme dans l'urine, & par » conféquent il ne peut plus être at- » tiré par l'Aimant, parce que l'Ai-

» mant n'attire point le fer en rouille.

Rem. Dire que *quelques-uns ont cru appercevoir du fer dans les aîles des Papillons parce qu'ils regardent comme un principe reçu, que tout ce que l'Aimant attire est du fer* ; c'est donner à entendre qu'il n'est pas constant que tout ce que l'Aimant attire soit du fer ; mais aucune expérience n'a montré que ce fait ne fût pas constant. C'est toute la réfléxion que nous ferons là-dessus. Quant à ces autres paroles : *Que le fer ne peut être que rouillé dans les matieres où on croit l'appercevoir, & que par conséquent il ne peut plus être attiré par l'Aimant, parce que l'Aimant n'attire point le fer en rouille*, on ne peut dire d'une maniere plus claire, que l'Aimant n'attire point le fer en rouille, ce qui est cependant contre l'expérience : il n'y a pour s'en convaincre qu'à présenter à l'Aimant un clou rouillé, une aiguille rouillée, & l'on ver-

ra que ce clou, cette aiguille, quoique rouillés , & tout couverts de
rouille, s'attacheront à l'Aimant. *

L'Auteur auroit dû dire que
l'Aimant n'attire point la pure
rouille du fer, ou que la rouille du
fer abſolument dégagée du fer, n'eſt
point attirée par l'Aimant , il n'auroit rien dit en cela que de vrai ;
mais d'avancer , comme il fait ,
que *le fer doit être rouillé dans les
matieres où on croit l'appercevoir* ,
& que par conſéquent il ne peut
plus être attiré par l'Aimant, c'eſt
combattre l'expérience la plus
commune & la plus triviale.

P. 75. l. 10. On lit : Quelques-
uns ont cru qu'on fait le fer dans
la plûpart des matieres dans leſ-
quelles on le trouve. » Vanhel-
» mon le fils eſt le premier qui ait
» cru faire du fer , & Becher a le
» premier ſoutenu ce ſentiment.

* Voyez le Journal d'Octobre dernier, art.
dernier.

Rem. Il est difficile de pénétrer ce que signifient ces paroles : *Quelques uns ont cru qu'on fait le fer dans la plûpart des matieres dans lesquelles on le trouve.*

Même pag.1. 18. On lit : »Pour » Becher il faisoit le fer en pre-» nant de l'argille qu'il réduisoit » en poudre après l'avoir fait sé-» cher , & il la passoit par un ta-» mis ; ensuite il la paitrissoit avec » de l'huile de lin , & il en for-» moit de petites boules , dont il » chargoit une cornue. Après la » distillation il retiroit ces boules » qui avoient noirci , & après les » avoir broyées & lavées il lui » restoit une poudre noire & pe-» sante qui contenoit , dit-il , » beaucoup d'or.

Rem. Notre Auteur dit que cette poudre contenoit , selon Becher, beaucoup d'or ; mais il ne dit point si elle contenoit du fer. Ce silence est singulier. Au reste , il ne parle point de différentes préparations du fer, qui sont très-recommandées par les Auteurs, telles entr'autres, que les fleurs de Mars, le Mars potable de Willis, &c.

P. 77. l. pénult. & p. 78. l. 1. On lit :» Il faut prendre garde qu'il
» ne se mêle aucune matiere étran-
» gere dans la limaille dont on
» veut faire le Safran de Mars.
» Ainsi il faut employer la limaille
» d'un fer pur. C'est pourquoi on
» peut se servir de la limaille
» d'acier, au lieu de celle de fer.
» Mais celle-ci se réduit plus fa-
» cilement en rouille que celle
» d'acier ; car le Safran de Mars
» préparé à la rosée n'est autre cho-
» se qu'une rouille de fer.

Rem. Si le Safran de Mars préparé à la rosée n'est autre chose qu'une rouille de fer, c'est-à-dire, un fer pénétré par la rosée, il ne faut pas pour faire ce Safran

choisir

choisir la limaille d'acier, qui
est impénétrable à la rosée, comme l'expérience le fait voir ; mais
si l'acier échappe à l'action de la
rosée, il ne faut pas croire qu'il
se laisse plus facilement pénétrer
aux liqueurs contenues dans l'estomac & dans les intestins. Pourquoi s'éloigner de la pratique re-
çue, qui employe dans la préparation du Safran de Mars, la limaille de fer & non celle d'acier ? On
sçait qu'il est assez ordinaire au Safran de Mars de fatiguer l'estomac
& de causer aux fibres de ce vis-
cere, par un trop long séjour, des
tiraillemens douloureux ; ce qui
ne doit point paroître surprenant,
puisqu'on remarque à la limaille
une infinité de particules pointues,
& irrégulieres qui hérissent la surface de chaque molecule de limaille. Or l'Acier a des pointes
encore plus aiguës, plus rudes &
plus roides que celles du fer, ce

E

qui le rend plus capable que le Fer, d'exciter dans les fibres de l'estomac de rudes contractions ; d'autant plus qu'il doit y rester encore davantage. L'Auteur du Traité avoue lui-même que l'Acier est moins dissoluble que le Fer. Pourquoi donc conseille-t-il de choisir l'Acier préférablement au Fer pour faire le Safran de Mars, sous prétexte qu'il faut employer la limaille d'un Fer pur, & qui ne contienne aucune matiere étrangere ?

L'on attribue avec raison, les vertus médicinales du Fer, au Souphre qui lui est uni. C'est ce Souphre qui charie par tout le corps les parties métalliques du fer ; c'est à ce Souphre qu'il faut rapporter la proprieté qu'on reconnoît dans le fer, de desobstruer les visceres, en les débarrassant d'une lymphe gluante & visqueuse qui les empâte.

Si l'on ordonne du fer tout nud & dépouillé de Souphre, il ne sera plus capable en cet état, de satisfaire aux vûes qu'on se propose en l'employant. Bien loin de pénétrer alors dans les derniers vaisseaux, les crispations ou froncemens qu'il excitera d'abord dans les fibres, le rendront plus propre à augmenter les embarras, qu'à les lever.

Par conséquent plus le fer aura été privé de ce souphre salutaire qui lui est uni, moins il conviendra à la santé. La limaille d'acier est donc à rejetter pour faire le Safran de Mars, puisque l'acier n'est devenu acier, qu'à cause de la perte qu'il a faite par le feu, de la meilleure partie du souphre en masse qu'il contenoit dans ses pores avant que de devenir acier.

Ainsi plus l'acier aura les qualités qui le rendent recommandable dans les Arts méchaniques, moins il conviendra dans la Médecine , si ce n'est peut-être extérieurement comme styptique.

C'est aussi de ce Souphre que le fer emprunte la facilité d'être dissous par tant de liqueurs. Qu'on l'en dépouille , il deviendra dès lors indissoluble à la plûpart de ces liqueurs.

Il est vrai qu'on doit éviter de se servir d'une limaille qu'on soupçonneroit , par exemple , de contenir du cuivre , mais ce soupçon ne doit pas obliger de recourir à la limaille d'acier.

P. 80. l. 8. On lit : » Il y a » plusieurs sortes de Safran de » Mars : Il y en a autant qu'il » y a de différentes manieres de » réduire le fer en rouille. On » peut faire le Safran de Mars en » calcinant le fer au feu de rever- » bere , ou en le pénétrant d'aci- » des , comme ceux du Nitre , du » Souphre , du Vinaigre , &c.

ou

» ou en le brûlant avec de l'anti-
» moine. Mais on peut dire que
» de tous les Safrans de Mars
» celui qui est préparé à la rosée
» ou à la pluye est le meilleur, com-
» me le plus simple.

Rem. Les différentes manieres
de réduire le fer en rouille que
l'Auteur propose, donnent des Safrans de Mars si différens, qu'il auroit dû en avertir. Quel rapport
en effet entre le Safran de Mars
préparé à la rosée & dissous par
l'humidité répandue dans l'air, &
le fer dissous par un acide vitriolique, c'est-à-dire, une espece de
colcothar, une matiere qui donne
du vitriol verd par la crystallisation. On peut dire à peu près la
même chose de la dissolution par
l'esprit de Nitre. N'y aura-t-il d'autre raison de choisir l'un de ces
Safrans, que parce qu'il sera plus
simple ? car c'est l'unique raison
que l'Auteur apporte.

G

P. 83. l. 6. On lit : » Prenez
» douze onces de limaille de fer
» ou d'acier , deux livres de tartre
» en poudre.

Rem. Il s'agit ici de la maniere
de préparer la teinture de Mars ;
l'Auteur conseille d'abord pour
cela , de prendre douze onces de
limaille de fer ou d'acier. Nous
renvoyons là-dessus à la remarque
de la p. 32. on y verra si on peut
se servir indifféremment de l'une
ou de l'autre limaille.

P. 86. l. 1. On lit : » Les Chi-
» mistes se contredisent eux-mê-
» mes sur la nature du Mercure ,
» comme fait Becher , qui cepen-
» dant est l'Auteur qui a répandu
» le plus de clarté sur cette ma-
» tiere.

Rem. Ce qui répand le plus de
clarté sur la nature d'un mixte ,
comme sur toute autre sorte de
sujets , c'est de considérer sous
tous les aspects possibles, ce qu'on

examine. A l'égard du Mercure,
par exemple, c'est de considérer
ce métal par rapport à toutes les
combinaisons qu'on en peut faire
avec d'autres mixtes. Cela posé,
il s'en faut de beaucoup que Becher ait répandu autant de jour
sur ce qui concerne le Mercure,
qu'en ont répandu les Auteurs mo-
dernes. Il n'y a pour s'en convaincre qu'à consulter là-dessus les
Mémoires de l'Académie Royale
des Sciences.

Même pag. 86. l. 17. On lit:
» On peut dépouiller de son prin-
» cipe huileux le Mercure, en le
» tenant long-tems exposé à une
» chaleur lente dans une bouteille
» bien bouchée. Le Mercure reste
» au fond en une poussiere rouge
» qui est le Mercure précipité par
» lui-même, & on peut le rétablir
» en Mercure coulant, si on le
» met avec quelque matiere grasse
» dans un creuset, qu'on place sur

» un fourneau de reverbere au mi-
» lieu des charbons ardens. Lorf-
» que le creufet eft rouge on le
» retire du feu , & on y trouve le
» Mercure coulant.

Rem. Le Mercure s'envole avant
que le creufet foit rouge. L'Auteur dit qu'on trouve dans ce
creufet rouge , le Mercure coulant. Mais l'expérience dit qu'on
ne l'y trouve pas. Il fe diffipe par
le procedé de l'Auteur , à mefure
qu'il fe revivifie , & qu'il rentre
dans l'ancienne proprieté de fe ra-
refier par le feu ; proprieté qui lui
a acquis le nom de Mercure.

Même pag. & tout de fuite , on
lit : » Le Mercure précipité par
» lui-même & cette poudre qui
» refte au fond de la cucurbite
» après la fublimation du Mercu-
» re , doivent donc être regardés
» comme les parties terreftres &
» falines de ce minéral dépouillées
» de leur principe huileux.

Rem. Il n'est pas facile de comprendre sur quoi peut être fondée cette conclusion : *Le Mercure précipité par lui-même, & cette poudre doivent donc être regardés comme, &c.* Car il n'y a que la décomposition du Mercure qui puisse nous instruire de sa composition. Or le Mercure n'a point été décomposé ici, mais déguisé, & on l'a bientôt rétabli dans sa premiere forme, quand on lui a rendu ce qu'il avoit perdu dans l'opération, ou qu'on a sçû le débarrasser des matieres avec lesquelles l'opération l'avoit uni.

P. 89. l. 27. On lit : »Le Mer»cure peut se dissoudre dans l'es»prit de Nitre, & dans l'Eau for»te, dans l'esprit de Sel, & dans »l'eau Régale, dans l'huile de Vi»triol & dans l'esprit de Souphre.

Rem. Le Mercure, dit notre Auteur, *peut se dissoudre dans l'esprit de Sel,* cela n'est pas encore prouvé :

l'efprit de Sel, s'il eft pur & fans mélange de Nitre, ne touchera point au Mercure. L'Auteur ajoû-te que le Mercure peut fe diffou-dre dans l'huile de Vitriol. Nous parlerons de cela dans une Remar-que fur le Turbith minéral.

P. 90. l. 4. On lit : » Il faut deux » ou trois parties d'efprit de Vi-» triol, pour diffoudre une partie » de Mercure. Et p. 92. l. 22. Pre-» nez une partie de Mercure cou-» lant, verfez deffus deux parties » d'efprit de Vitriol ; LA DISSOLU-» TION ETANT ACHEVE'E, faites-la » évaporer jufqu'à ce que la matie-» re ne fume plus.

Rem. Le mot d'*efprit de Vitriol*, eft réfervé pour exprimer l'*huile volatile de Vitriol* qui a une odeur de fouphre allumé très-pénetrante. Il ne faut pas confondre, comme l'Auteur, cet efprit avec l'huile non volatile de Vitriol, & dont on fe fert communément dans l'opération du

Turbith. Selon ce qu'on vient de lire, on diroit que l'huile de Vitriol eſt
un des diſſolvans du Mercure. *La
diſſolution étant achevée*, continue
l'Auteur; mais il ne prend pas garde que cette prétendue diſſolution
ne commencera jamais ſans le ſecours du feu. L'huile de Vitriol
s'unit au Mercure dans l'opération
dont il s'agit; mais c'eſt une ſali-
fication & non une diſſolution.
Qu'on laiſſe de l'huile de Vitriol
ſur du Mercure, tout auſſi long-
tems qu'on voudra, & en telle
quantité qu'on voudra, elle n'en-
tâmera jamais le Mercure, à moins
qu'on n'employe l'action du feu.
En vain ſans cela on attendroit
que la prétendue diſſolution fûc
achevée, pour la faire, ſelon ce
qu'on vient de lire, *évaporer*. Au
reſte il ne s'agit pas ici d'une ſimple évaporation. La matiere qui
s'évapore, ou, pour parler plus ju-
ſte, qui paſſe le bec de la cornue,

(car on se sert d'une cornue, quoique l'Auteur n'en parle pas) cette
matiere, dis-je, n'est pas à mépri-
ser. C'est un esprit volatil de Vitriol des plus pénétrans. La seule
odeur de souphre allumé qu'il ex-
hale peut découvrir le méchanis-
me de cette opération. Quoique
Paracelse la décrive d'une maniere fort abregée, on ne laisse pas de
voir qu'il l'a faite. *Sume Mercurium,*
dit-il, *coque in oleo vitrioli, &c.*

On ne sera peut-être pas fâché
de voir ici la description que M.
Boulduc donne de cette opération
Mem. de l'Acad. année 1730. p.
359. Voici ses termes : » Je verse
» sur autant de livres de Vif-argent
» que je veux employer à la fois
» pareil nombre de livres de bon-
» ne & forte huile de Vitriol, dont
» je retire par la cornue le phleg-
» me & la portion d'acide qui ne
» peut rester unie avec le Mercu-
» re. L'huile de Vitriol à l'aide du
feu,

« feu, * diſſout le Mercure ; & tous
» les deux font à la fin une poudre
» très-blanche.

Il eſt dit dans le même Memoi-
re, p. 361. que *le Mercure reſteroit à
jamais dans l'huile de Vitriol ſans un
effet réciproque, ſi la chaleur n'aidoit
cet acide à le pénétrer, & à réduire les
deux en une conſiſtance ſaline.*

On voit par ces paroles de M.
Boulduc, 1°. que l'huile de Vitriol ne diſſoudra point le Mercure ſans le ſecours du feu ; 2°. que ſi
l'huile de Vitriol dont on ſe ſert eſt
concentrée, elle diſſoudra, à l'aide
du feu, ſon poids de Mercure.

Ainſi l'Auteur du *Traité de Chymie*
ſe trompe de dire, comme il fait,
verſez deux parties d'eſprit de Vitriol.

Par le nom d'*Eſprit*, on entend
en Chymie, une liqueur volatile
& pénétrante. Ainſi on dit l'*eſprit
de Nitre*, mais on ne peut pas dire
l'*eſprit de Vitriol*, pour déſigner l'hui-

* C'eſt-là le *Coque* de Paracelſe.

H

. le de Vitriol, parce qu'elle n'eſt pas volatile. On réſerve ce mot pour exprimer *l'huile volatile de Vitriol*, qui, comme nous l'avons déja remarqué, a une odeur de ſouphre enflammé très-pénétrante.

M. Boerhaave dit dans ſa Chymie, en parlant de cette maſſe blanche & ſaline qu'on retire par cette opération ; *Erit pulvis candiſſimus, niveus prorſus, horrendus, acer, & intractabilis, vocaturque calx Mercurii, oleo vitrioli facta.*

P. 91. l. 20. On lit au ſujet du Précipité rouge : » Il faut faire un » feu doux d'abord, parce que ſi » on faiſoit un feu trop fort, le » Mercure s'éleveroit, & forme- » roit un Sublimé corroſif.

Rem. On a donné le nom de *Sublimé corroſif* au Mercure pénétré des acides du ſel marin, & ſublimé ſous une forme cryſtaline. Les Chymiſtes examineront s'il eſt vrai que le Précipité rouge qui eſt le Mercure pénétré des acides de l'esprit de Nitre étant sublimé par un feu trop fort, deviendroit un Sublimé corrosif. Ce que l'Auteur avance ici leur paroîtra sûrement combatre l'expérience, n'y ayant jamais eu de Sublimé corrosif sans les acides du sel marin.

P. 93. l. pénult. On lit : » Et si » on verse une suffisante quantité » d'esprit de Vitriol, on précipite » tout le Mercure qu'on avoit em- » ployé, on peut de cette maniere » faire le Turbith minéral, parce » que le Turbith minéral n'étant » que les globules du Mercure pé- » nétrés d'acides vitrioliques , il » suit qu'on le peut faire avec tou- » tes sortes de matieres , pourvû » qu'elles contiennent un acide » vitriolique.

Rem. Le Turbith mineral étant une chaux de Mercure faite par l'huïle de Vitriol , comme le dit M. Boerhaave, il s'ensuit qu'on ne le peut faire que de la maniere dont on le fait, & que le Mercure précipité par l'huile de Vitriol n'eſt pas du Turbith minéral , comme le croit notre Auteur.

P. 94. l. 15. On lit : » On l'a vû » réuſſir (le Turbith) dans des oc- » caſions où l'Emetique avoit été » ſans effet.

Rem. On peut dire auſſi, qu'on a vû ce Turbith cauſer de grands accidens. C'eſt un purgatif violent & des plus dangereux. Voilà ce qu'il n'eſt pas à propos d'oublier.

P. 95. l. 2. On lit : » Pour faire le » Sublimé corroſif, on prend une » livre de Mercure , on le diſſout » dans une livre de bon eſprit de » Nitre. La diſſolution étant finie, » on fait évaporer l'humidité par » un feu doux. On met en poudre » la maſſe blanche qui reſte ; on y » joint une livre de Sel décrepité, » & une livre de Vitriol calciné, » juſqu'à ce qu'il ſoit rouge.

Rem. L'Auteur ne dit pas quel Vitriol on prend ici , ſi c'eſt du

blanc,

blanc, du bleu, du rouge ou du verd. Cette circonſtance cependant méritoit bien autant d'être remarquée, que celle de la couleur du ſac de papier dans lequel notre Auteur veut qu'on mette le Tartre crud & concaſſé pour proceder à la préparation du Sel de Tartre ; car il veut que ce papier ſoit gris. *Prenez*, dit-il, *du Tartre crud & concaſſe, mettez-le dans un ſac de papier gris.* C'eſt p. 239. l. 9. Mais puiſqu'il ne dit rien ſur la couleur du Vitriol qu'on employe pour faire le Sublimé corroſif, nous y ſupplérons en remarquant que c'eſt le Vitriol verd que l'on choiſit pour cela, & qu'il faut choiſir:

P. 97. l. 16. où l'Auteur parle encore de la préparation du Sublimé corroſif, on lit : ›› La matie-›› re qui reſte au fond du matras, ›› eſt un compoſé de la terre du ›› Vitriol, & de l'acide du Nitre ; ›› de la terre du Sel marin & de

I

» l'acide du Vitriol, & d'un peu
» de Mercure, qui eſt en précipité
» rouge.

Rem. 1°. Cette terre du Vitriol
de laquelle parle l'Auteur, n'eſt
point une terre, c'eſt un Colcothar, autrement du Fer auquel il
eſt encore reſté quelques acides
vitrioliques.

Ainſi l'Auteur ſe méprend d'ap-
peller cette matiere, *Terre de Vitriol*, le Colcothar n'a jamais reçû
ce nom.

2°. Il ne reſte dans cette matiere aucun veſtige de l'acide du Nitre.

3°. Ce que l'Auteur appelle ici
la terre du Sel marin, doit être
regardé comme la partie alkaline
de ce ſel, laquelle étant unie à l'a-
cide du Vitriol, forme un véritable
Sel de Glauber.

4°. Sur ces mots : *d'un peu de
Mercure qui eſt en précipité rouge*,
nous remarquerons que l'Auteur

seroit bien embarrassé de revivifier ce précipité rouge en Mercure coulant. Il a pris pour du précipité rouge de Mercure, le Colcothar qui est rouge. Il est excusable de n'avoir pas regardé de près cette matiere, il auroit pû s'empoison-ner.

P. 78. l. 22. On lit : » En expli-» quant la méchanique avec la-» quelle se fait le Sublimé corrosif, » j'ai dit qu'il n'entroit pas une qua-» triéme partie d'acide dans sa » composition ; cependant il en » entre une fois plus qu'il ne faut » pour tenir le Mercure en une » forme séche.

Rem. L'Auteur devoit dire : *pour tenir le Mercure en une forme solide.* Mais il parle conséquemment à ses principes ; car, selon lui, le Mercure coulant est humide, par-ce que l'huile qui lui est unie tient, à ce qu'il prétend, sa fluidité de l'eau, & que quand le Mercure a perdu sa fluidité par la perte de son phlogistique , il paroît alors sous une forme séche.

P. 99. l. 28. On lit : » La poussiere » rouge qui reste au fond du matras » est une partie du Mercure ajou- » té , qui est devenu un précipité » par la calcination. Il n'a point » été sublimé , parce que les aci- » des ne prennent point sur les » chaux.

Rem. Dans l'opération du Subli-mé doux , on veut être sûr que le Sublimé soit aussi adouci qu'il faut pour qu'on puisse parvenir au but qu'on se propose. On veut du Mer-cure crud autant qu'il en faut pour que tous les acides en soient, pour ainsi dire, rassasiés, & on en met au-delà pour plus grande sûreté. Les acides surchargés de Mercure ne pourront donc pas sublimer tout celui qu'on y aura mis ; il re-stera donc du Mercure qui ne sera point sublimé. Ce Mercure surabondant fera donc calciné, parce qu'il lui manquera des acides, & non, comme le croit l'Auteur, *parce que les acides ne prennent point fur les chaux*, puifque ce Mercure ne deviendroit pas chaux, s'il y avoit affez d'acides pour le fublimer.

Que les acides ne prennent point fur les chaux métalliques, l'Auteur en fait une régle générale, & elle ne l'eft point ; témoin le Minium qui fe diffout par le vinaigre.

P. 100. l. 5. On lit : » Le Mer-
» re étant auffi divifé qu'il l'eft dans
» le Sublimé doux, peut-être fou-
» tenu dans l'eau, parce que fes
» furfaces fe multiplient par la di-
» vifion, & il y fera plus ou moins
» foutenu, felon qu'il y aura plus
» ou moins de furface, les réfiftan-
» ces du milieu étant en raifon des
» furfaces. Broyez du Mercure
» doux fur le porphyre, faites-le
» bouillir pendant quatre heures,

» il diminuera environ de la moi-
» tié ; rebroyez-le, & le faites en-
» core bouillir, il se dissoudra tout
» entier.

Rem. L'Auteur entre ici dans un
détail de Géométrie , pour faire
voir que le Mercure doux peut être
soutenu dans l'eau , & il ne dit rien
de la panacée. Nous n'examinerons point quelles peuvent être ses
raisons ; nous nous contenterons
d'observer que le Mercure doux
est moins dissoluble par l'eau , que
le sublimé corrosif , & d'autant
moins dissoluble , que les sublimations ont été plus nombreuses ; ce
qui vient de ce que les acides se
partagent dans la masse , & que le
Mercure n'est dissoluble que par
les acides avec lesquels il est uni &
non comme l'Auteur se l'imagine ,
de ce que le Mercure a acquis plus
de division par l'opération. Ainsi
la Panacée est moins dissoluble que
le Mercure doux , parce que dans

la Panacée les acides ont été plus
engagés par les sublimations réite-
rées.

Même page 100. l. 15. On lit:
» C'est ainsi que vous pouvez met-
» tre trois ou quatre grains de Mer-
» cure doux, à bouillir dans une
» teinture de rhubarbe, pour faire
» prendre aux enfans.

» Il est d'un grand usage dans
» les maladies veneriennes, bouilli
» dans les ptisannes sudorifiques ;
» par exemple, prenez des bois de
» sassafras & de guaiac de chacun
» une once, des racines d'esquine
» & de sarsepareille de chacune
» une demie once, avec six gros
» de Mercure doux porphyrisé, &
» enveloppé dans un petit linge
» pour le suspendre dans le coque-
» mard, faites bouillir dans cinq
» pintes d'eau pour réduire à trois,
» ensuite passez la liqueur.

Rem. L'Auteur, comme on voit,
après avoir dit que le Mercure

doux bien porphyrifé, fe diffout
tout entier dans l'eau, ne craint
point d'en faire fufpendre fix gros
dans cinq pintes de ptifanne qu'il
appelle fudorifique, laquelle peut
être fudorifique, purgative, & en
même - tems fialogue, felon que
le Mercure doux paffera plus ou
moins dans le fang; ou felon la
quantité qu'on donnera de cette
ptifanne. L'Auteur dit, que c'eft
une bonne pratique d'ordonner le
Mercure doux dans des potions;
mais nous croyons devoir avertir
que le Mercure doux, la panacée,
&c. doivent être ordonnés fous la
forme de pillule ou de bol, & qu'il
faut toujours envelopper ces bols
ou ces pillules, parce qu'autrement
le Mercure pourroit fe mettre entre les dents, & y faire des impref-
fions dangereufes. Tout le monde
fçait qu'il noircit les dents dès qu'il
les touche, & fitôt que l'émail en
eft alteré la dent fe carie.

P. 102.

P. 102. l. 12. on lit : » Aujour-
» d'hui les Medecins demandent
» l'Æthiops minéral préparé. sans
» feu. J'ignore quelles sont leurs
» raisons ; peut - être croyent - ils
» qu'une préparation faite sans feu,
» est à préferer à ce qui est préparé
» par le feu, ce qui n'est pas tou-
» jours vrai.

Rem. Les Medecins en deman-
dant l'Æthiops minéral préparé
sans feu, ont en vûe d'avoir le
Mercure le plus exactement uni
au Souphre qu'il est possible de
l'avoir. Or ils se persuadent qu'à
l'aide d'une longue trituration, ils
ont ce qu'ils souhaitent ; & la chose n'est pas sans vraisemblance.

P. 103. l. 14. On lit : » Je crains
» que l'Æthiops minéral préparé
» à froid, ne se dépouille du Sou-
» phre dans les premieres voyes,
» qu'ainsi il ne sorte du corps sans
» effet, autre que pour les vers,
» n'étant point passé dans le sang.

K

Rem. C'est une erreur de s'ima-
giner que l'Æthiops minéral préparé par la seule trituration, doive
absolument être regardé comme
préparé à froid, puisque la poudre
devient noire,& qu'elle n'acquiert
cette couleur qu'à l'aide de la chaleur que la trituration excite dans
le mélange. Couleur d'autant plus
noire que la trituration a été plus
longue.

Au reste, l'Auteur appréhende
que l'Æthiops ne passe pas dans
le sang. M. Boerhaave parle plus
hardiment là-dessus ; & fondé sur
des observations, il assûre que
l'Æthiops n'enfile point les veines
lactées, & qu'il agit uniquement
dans le conduit intestinal.

P. 105. l. pénult. On lit : » L'An-
» timoine a encore ceci de com-
» mun avec le Mercure, c'est que
» sa terre est très-légere,

Rem. La terre dont l'Auteur parle ici, est une véritable chaux

d'Antimoine ou de Mercure.
Chaux qu'on peut révivifier par le
moyen d'une matiere graffe : au
refte, l'Auteur fe trompe fur la
prétendue légereté des terres dont
il s'agit, car elles font fi peu lége-
res, qu'elles pefent plus que la matiere qui les a fournies.

P. 106. l. 1. On lit : »L'Anti-
» moine fournit depuis long-tems
» de grands remedes ; & quoiqu'on
» l'ait toujours foupçonné de poi-
» fon, l'efficacité de fes prépara-
» tions a prévalu contre les efforts
» de ceux qui dans tous les tems
» ont cherché à le rendre odieux.

Rem. L'Auteur auroit bien dû
conftater ce fait, Que *dans tous les
tems l'Antimoine a été foupçonné de
poifon*. Un éclairciffement là-deffus
auroit été important pour l'hiftoire
de ce minéral.

P. 108. l. 6. On lit : » Le princi-
» pe huileux eft un lien qui unit
» enfemble les autres principes des

» métaux ; pour les calciner il faut
» leur enlever ce principe.

Rem. Nous avons déja observé
que les Chymistes regardent les
métaux comme des corps simples,
ou du moins comme des corps qui
ont échappé à l'analyse. Nous
remarquerons ici qu'encore que
l'Auteur dise que *le principe huileux
est un lien qui unit ensemble les autres
principes*, il ne faut pas croire pour
cela, que cet Auteur soit parvenu
à désunir ou délier les principes des
métaux, pour leur avoir enlevé par
la calcination le principe huileux.
La décomposition des métaux seroit aussi nouvelle en Chymie, que
leur composition artificielle.

P. 110. l. antépenult. On lit :
» La teinture de verre d'Antimoi-
» ne tirée par le vin rouge, est fort
» recommandée pour les yeux.

Rem. L'Auteur auroit bien fait
de spécifier 1°. pour quels yeux la
teinture de verre d'Antimoine est

fort recommandée; car tous les yeux ne font pas de même confti- tution, celle des uns eft forte & ro- bufte, celle des autres tendre & dé- licate. 2°. Par quels Auteurs elle eft recommandée? 3°. Dans quel- les maladies, car de dire fans reftri- ction, qu'un remede eft bon aux yeux, eft-ce dire quelque chofe? 4°. Dans quel tems de ces mala- dies. Des régles de cette efpece auroient été d'autant plus néceffai- res, qu'il n'y a pas de parties du corps qui foient fujettes à un plus grand nombre de maladies que les yeux, & qui demandent plus de précaution pour le traitement.

P. 112. l. 8. On lit: » Plus on » met de Nitre pour faire le foye » d'Antimoine, moins il eft émé- » tique, parce que les acides mi- » néraux fixent l'éméticité de l'An- » timoine.

Rem. 1°. Plus on met de Nitre pour faire le foye d'Antimoine,

L

plus il approche par-là de l'Antimoine diaphorétique ; car ces deux préparations ne différent que par la dose du Nitre qu'on employe. L'Antimoine diaphorétique eſt une chaux d'Antimoine produite par le Nitre, dont l'inflammation conſume non ſeulement le Souphre extérieur de l'Antimoine, mais encore le phlogiſtique ou principe huileux qui lui donnoit la forme métallique. Le foye d'Antimoine eſt de l'Antimoine que la déflagration du Nitre a privé du ſouphre extérieur, & d'une partie du phlogiſtique ; c'eſt un milieu entre l'Antimoine diaphorétique & le régule d'Antimoine ; ce produit eſt plus ou moins près de l'un ou de l'autre, ſelon qu'on a employé plus ou moins de Nitre. Or l'Antimoine diaphorétique n'eſt point émétique ; par où l'on voit que ſi le foye d'Antimoine préparé avec une plus grande quantité de

Nitre, est moins émétique, cette diminution d'éméticité procede de ce que le foye d'Antimoine approche de l'Antimoine diaphorétique.

2°. C'est donc se tromper de croire que cet effet vienne de ce que les acides minéraux fixent l'éméticité de l'Antimoine.

3°. L'Auteur se trompe aussi de penser que les acides du Nitre restent dans le foye d'Antimoine; car ce ne seroit qu'en s'y nichant qu'ils pourroient en diminuer l'éméticité.

4°. Il ne reste au foye d'Antimoine que la partie alkaline du Nitre, qui n'étant point émétique, diminuera proportionnellement à sa quantité, l'éméticité du foye d'Antimoine.

5°. L'Auteur met ici le Nitre au rang des acides minéraux, la chose est à remarquer. Nous en parlerons plus bas.

L ij

Même p. 112. l. 15. On lit :
» La dose de vin émétique est de-
» puis une demi once jusqu'à trois
» onces. Il est d'un bon usage dans
» les armées, parce que le même
» Safran des métaux peut donner
» la vertu émétique plusieurs fois;
» après quoi il faut le calciner, &
» il sert tout de nouveau.

L'Auteur ajoute p. 113. l. 10. *Qu'on ne se sert presque plus aujourd'hui du vin émétique.*

Rem. Si l'on ne se sert presque plus aujourd'hui du vin émétique, c'est que le vin émétique fatigue beaucoup plus l'estomac que ne fait le Tartre émétique auquel on a donné la préference. L'Auteur dit cependant que *le vin émétique est d'un bon usage dans les armées,* & cela parce que le vin émétique coute un peu moins que le Tartre stybié. Nous laissons à juger si pour une légere épargne comme celle-là, le vin émétique doit être regardé comme d'un bon usage dans les armées , tandis que la qualité qu'il a de fatiguer l'estomac , & de le mettre à de rudes épreuves , le doit rendre plus dangereux aux soldats qu'aux autres , les maladies des soldats venant presque toutes de fatigues.

P. 117. l. 25. On lit : » Ce ne » sont point les Souphres qui sont » émétiques dans l'Antimoine , » puisque l'Antimoine calciné qui » est privé de ces Souphres, est un » violent émétique, & que l'Anti- » moine crud qui est avec tous ses » souphres, ne l'est point, s'il n'est » donné en une dose extraordi- » naire.

Rem. L'Antimoine calciné est privé de ses souphres, non seulement de ses souphres extérieurs , mais du principe huileux qui lui donnoit la consistance métallique. Or l'Antimoine dans cet état de privation , bien loin d'être un violent émétique, comme l'Auteur le croit, n'eſt pas même émétique. La chaux d'Antimoine, le diaphorétique minéral rendent la choſe ſans réplique ; tout le monde ſçait que ces préparations ne ſont que diaphorétiques & non émétiques.

P. 118. l. 1. On lit : » Le Kermes » eſt une eſpece de chaux d'Anti- » moine, c'eſt un Antimoine dé- » pouillé de la plus grande partie » de ſes ſouphres par la liqueur de » Nitre fixé, qui comme alkali, » abſorbe les ſouphres de l'Anti- » moine.

Rem. Le Kermes n'eſt point une eſpece de chaux d'Antimoine, comme notre Auteur le prétend, ou bien il faudra changer l'idée que l'on a de la chaux d'Antimoine. La proprieté que l'Auteur attribue aux alkalis de calciner l'Antimoine, méritoit d'être prouvée, puiſqu'on a penſé juſqu'ici qu'un alkali pouvoit à la vérité s'unir aux métaux, les ouvrir, les diſſoudre en quelque ſorte, mais que leur efficace n'alloit point juſqu'à les calciner. Le Kermes peut donc être regardé plûtôt comme une diſſolution, ou une diviſion de l'Antimoine faite par le Nitre fixé, que comme une chaux ; & c'eſt ce que nous apprennent des Obſervations exactes ſur ce remede.

P. 121. l. 7. On lit : » Quelques-
» uns font le Kermes avec la po
» taſſe, la ſoude, ou l'huile de Tar
» tre. Il y en a qui font fondre
» l'Antimoine d'un côté, & qui
» calcinent la potaſſe de l'autre ;
» enſuite ils la jettent dans l'Anti
» moine fondu. Ils remuent bien
» le tout enſemble, & jettent le
» mélange dans une terrine d'eau
» bouillante. D'autres mêlent du
» ſel de Tartre, avec de l'Anti
» moine en poudre, & jettent ce
» mélange par cuillerées dans un
» creuſet rougi entre les charbons

» ardens , & après avoir un peu
» calciné la matiere, ils la renver-
» fent dans de l'eau : il tombe au
» fond une grande quantité d'une
» poudre jaune qu'ils donnent pour
» le Kermes minéral.

Rem. Le Kermes minéral eſt rouge ; la poudre dont l'Auteur fait mention eſt jaune : ainſi ces *quelques-uns* ou *quelques autres* ne pourroient donner cette poudre jaune pour le Kermes minéral qu'à des aveugles. La ſupercherie ſeroit trop groſſiere pour n'être pas apperçûe au premier coup d'œil.

P. 123. l. antépénult. On lit :
» Preſque aucuns ne préparent fi-
» dellement le Kermes comme
» nous le tenons de ſes auteurs. On
» a apporté divers changemens
» dans ſa préparation. Les uns l'ont
» fait par avarice, les autres parce
» qu'ils ont cru qu'on ne pouvoit
» recevoir de la premiere main une
» préparation parfaite.

Rem.

Rem. L'Auteur exagere d'avancer, comme il fait, que presque aucuns ne préparent fidellement le Kermes. Il auroit pû du moins excepter les Pharmaciens de Paris.

P. 125. l. 22. On lit : » Il est bon » de donner le Kermes dans des » apozémes, un grain de quatre en » quatre heures pour préparer à la » purgation. Lorsqu'on veut qu'il » fasse suer on en donne une dose » suffisante pour faire vomir d'a-» bord, comme deux, trois à qua-» tre grains ; ensuite on en fait pren-» dre un grain par jour tous les ma-» tins.

Rem. L'on ne doit jamais donner le Kermes dans la vûe de faire vomir ; & si l'on a dessein d'exciter le vomissement, on employe alors le Tartre émétique, dont l'opération est sûre, au lieu que le Kermes ne fait vomir que lorsqu'il est placé mal à propos ; c'est ce qu'ont observé les Praticiens , & ce qu'on

M

peut voir dans la Théfe de M.
Helvetius fur le Kermes, foutenue
aux Ecoles de Médecine de Paris
le 15 Novembre 1731.*

On en fait prendre , continue
notre Auteur , un grain par jour ,
tous les matins. Il ne dit pas com-
bien de matins ; car *tous les matins*,
cela eft bien vague. *Ce remede ainfi
employé*, pourfuit-il , *réuffit bien dans
plufieurs maladies.* Mais dans quelles maladies ? Il ne dit rien non
plus fur ce fujet.

P. 140. l. 9. On lit : » Prenez un
» quarteron de cuivre de rofette ,
» & une demi livre de Regule
» martial de la premiere fufion ;
» mettez votre cuivre en limaille
» dans un creufet au milieu des
» charbons ardens , & lorfqu'il fe-
» ra prêt à fe fondre , ajoutez-y le
» Regule caffé par morceaux. Le
» tout étant dans une parfaite fu-

* An in Tonfillarum tumoribus inflamma-
toriis Kermes minerale ?

» ſion, retirez du feu & verſez dans
» un mortier ; la matiere étant ré-
» froidie vous aurez un Regule
» d'une couleur purpurine ; c'eſt le
» Regule de Venus. Vous n'y re-
» connoîtrez plus l'étoile qui étoit
» ſur le Regule de Mars ; vous y
» verrez une eſpece de réſeau de
» Vulcain. Venus dans leur lan-
» gue c'eſt le cuivre, & ils font
» alluſion au filet dont Vulcain,
» ſelon la Fable, enveloppa Venus
» ſurpriſe avec Mars.

» Pour ce qui eſt de la cauſe
» phyſique de ce réſeau qui ſe trou-
» ve ſur le Regule de Venus, les
» métaux fondus occupent plus
» d'eſpace, & en ſe réfroidiſſant ils
» diminuent & tiennent moins de
» de place. Le cuivre ſe réfroidit
» plus promptement que l'anti-
» moine. Lorſque le cuivre ſe ré-
» froidit, il s'affaiſſe un peu, mais
» il eſt de niveau avec l'antimoine
» qui eſt en fonte. L'antimoine ve-

» nant à se réfroidir le dernier, s'a-
» baisse aussi, mais les lames de
» cuivre qui sont déja réfroidies,
» & qui sont prises, restent & for-
» ment des inégalités qui représen-
» tent une espece de réseau sur la
» surface du Regule.

Rem. 1°. Dans la prétendue explication physique que l'Auteur
donne de ce réseau, il n'a égard
qu'au cuivre & à l'antimoine sans
faire aucune mention du fer, qui
entre, comme l'on sçait, dans le
Regule martial, dont on se sert
pour l'opération du Regule de Venus.

2°. Il dit que les métaux fondus
occupent plus d'espace, & qu'en se ré-
froidissant ils diminuent & tiennent
moins de place. Voilà sa régle. Mais
il auroit dû en excepter le fer. Il
n'a pas lû apparemment le Mémoire que M. de Réaumur a donné
sur ce sujet dans l'Histoire de l'A-
cadémie Royale des Sciences,
année

année 1726. p. 253. ce sçavant
Académicien l'auroit informé que
le fer liquide se dilate à mesure
qu'il prend consistance ; & il fait
voir qu'il y a en cela une parfaite
analogie entre la congélation de
l'eau & celle du fer. On sçait que
l'eau acquiert plus de volume en
devenant glace ; le fer tout de même occupe plus d'espace quand il
est dur , que quand il est liquide.
Nous renvoyons là-dessus l'Auteur
au Mémoire de M. de Réaumur.

Quant à l'antimoine, le même
M. de Réaumur, fondé sur des expériences qu'il rapporte, pense que
ce minéral doit être rangé dans la
classe du fer & de l'étain de glace.
Car ce dernier a la même proprieté
que le fer , de se dilater en se ré-
froidissant ; ainsi l'explication que
notre Auteur donne de ce réseau ,
se réduit donc à un pur néant ; puisqu'il n'a pas connoissance des expériences contraires à ce qu'il veut
établir.   N

3°. Pour découvrir à préfent la méchanique de ce phénoméne, voici les réflexions qu'on peut faire. Le cuivre en fe réfroidiffant diminue de volume, & par confequent fes parties s'affaiffent ; celles du fer & de l'antimoine s'élevent au-deffus du niveau, parce qu'elles fe dilatent à mefure qu'elles fe réfroidiffent. C'eft donc, felon toutes les apparences, à l'élevation des parties du fer, ou pour mieux dire, à leur expanfion, & à celle des parties de l'antimoine, auffi-bien qu'à l'affaiffement ou refferrement des parties du cuivre, que doit être attribué ce réfeau de Vulcain, qui s'obferve fur la furface du Regule de Venus.

Le méchanifme que nous venons d'établir pourroit fervir à détruire plufieurs abfurdités que l'Auteur a avancées dans fa prétendue explication ; mais nous paffons à des Remarques plus importantes.

P. 141. l. pénult. On lit : Pour faire le Régule de Venus, on peut se servir du Régule ordinaire d'Antimoine, au lieu du Régule Martial ; mais comme on ne fait ordinairement le Régule de Venus que pour en faire le Régule des métaux pour le Lilium, il est plus à propos de se servir du Martial ; & pour qu'il soit plus chargé de parties de fer, il faut le prendre de la premiere fusion.

Rem. Le Régule Martial de la premiere fusion, contient sous un même volume plus de souphre que celui de la seconde ou de la troisiéme, & par conséquent moins de fer. C'est pourquoi on le préfére pour le Lilium. Car notre Auteur se trompe de croire 1°. qu'il faille choisir ici le Régule le plus chargé de parties du fer. 2°. Que le Mercure de la premiere fusion en soit plus chargé. Si ce systême étoit vrai, il faudroit préférer le Régu-

le de la quatriéme fufion, puifque
contenant moins de fouphre il
contient plus de fer.

P. 145. l. 25. On lit : » *Lilium de*
» *Paracelfe*. Réduifez promptement
» en poudre le Regule des métaux
» encore tout brûlant, & mettez
» auffi-tôt cette poudre grife dans
» un matras de gros verre ; verfez
» deffus, cinq chopines d'efprit de
» vin rectifié, remuant & agitant
» le tout de peur que la poudre ne
» refte en maffe.

Rem. L'Auteur oublie dans la
préparation du Lilium, le Nitre &
le Tartre ; nous croyons devoir
avertir que le Lilium ne fe peut
faire fans le fecours de ces fels, &
que l'efprit de vin ne prend une
teinture du Regule des métaux,
qu'à la faveur des Sels qui com-
mencent à l'ouvrir. Cette omiffion
eft de conféquence. Il faut voir là-
deffus le Code de la Faculté de
Médecine de Paris. Voici comme
il s'exprime p. 224.

℞. *Regulorum Veneris*,
     Jovis,
       Antimonii Martialis,
        ana uncias iv.
pulverati & mixti simul liquefiant in
  regulum.
Huic pulverato admisce
  NITRI PURISSIMI,
  Tartari pulveratorum , ana libram
    unam & uncias duas.
Projice per vices in crucibulum & de-
  tonent.
Tum igne vehementissimo liquentur.
  Materiam ex crucibulo extractam
  pulvera ; quam adhuc calentem mit-
  te in matratium & illico super af-
  funde.
  Spiritus vini rectificati suffic. qu.
Digere per aliquot dies igne arenæ &
  saturata tinctura eliciatur.

La Faculté , comme l'on voit ,
n'a pas oublié le Nitre & le Tartre.

P. 146. l. 20. On lit : » Le Lilium
» eſt un remede alkali très-cauſti-
» que, parce qu'il eſt une teinture,
» du Nitre & du Tartre alkaliſés
» par le feu dans la préparation du
» Regule des métaux.

Rem. Le Lilium eſt un remede
alkali volatil & non un alkali ſimple. Le Nitre & le Tartre alkaliſés
par le feu *dans la préparation du Re-*
gule des métaux, ſe font chargés des
ſouphres métalliques. L'eſprit de
vin en prend une teinture ; de ſorte
qu'il en réſulte une eſpece de ſa-
von volatil.

Même page l. 26. On lit : » Il
» faut le garder (le Lilium) dans
» des bouteilles bien bouchées,
» parce que pour peu qu'il com-
» muniquât avec l'air, il ſe charge-
» roit de ſon humidité & du ſel ni-
» treux & ammoniacal qui y eſt ré-
» pandu. Ce qui rendroit le Lilium
» moins cauſtique.

Rem. Les matieres volatiles pren-

nent leur effort dès que l'issue se
présente, & qu'elles font exposées
à l'air. Cette volatilisation une fois
faite, il ne reste plus, pour ainsi
dire, que le cadavre de l'esprit,
qui est son phlegme. La vertu des
matieres volatiles se dissipe, & le
Lilium a cela de commun avec
tous les esprits volatils.

*Pour peu qu'il communiquât avec
l'air, il se chargeroit de son humidité,*
dit l'Auteur, il parle là du Lilium
comme d'un alkali fixe, puisqu'il
lui attribue la proprieté de s'hu-
mecter à l'air. Mais nous venons
de remarquer que c'est un alkali
volatil. Ces réflexions font voir
que l'Auteur n'est nullement fondé
à mettre sur le compte du *sel nitreux* & ammoniacal, qu'il dit être
répandu dans l'air, la perte qu'é-
prouve le Lilium exposé aux im-
pressions de ce fluide.

L'Auteur rappelle ici l'idée du
prétendu Nitre aërien, sans appor-

ter aucune preuve de la réalité de ce *Nitre*.

Barchuysen dans sa Dissertation intitulée : *Confutatio spiritus Nitro-aërei* , & M. Lemery dans les Memoires de l'Académie Royale des Sciences, année 1717. ont rapporté plusieurs expériences démonstratives de la non-existence de ce Nitre ; personne jusqu'ici n'a répondu à ces expériences, notre Auteur ne l'a pas entrepris non plus.

P. 147. l. 5. On lit : » Le Lilium » en vieillissant dépose toujours un » sédiment.

Rem. Cet inconvenient n'est point particulier au Lilium ; il est commun à plusieurs autres teintures. Mais à l'égard du Lilium , on peut y remedier par une petite précaution dont l'Auteur ne parle pas , & que voici. On sçait qu'avec le tems , cette teinture est sujette à se décolorer & à perdre sa vertu, parce que tout ce qui la lui donnoit

se

se précipite au fond de la bouteille. Bien des Chymistes ont tâché
de prévenir l'inconvenient , &
un des meilleurs moyens qu'ils
ayent découverts pour cela , c'est
de se servir d'un esprit de vin rectifié , & d'y ajouter ensuite quelques
goutes d'huile de fleurs d'orange,
ou de telle autre huile essentielle
qu'on trouve à propos ; cette ob-
servation méritoit bien d'être rap-
portée , sur tout pour les Provin-
ces, où le Lilium n'étant pas d'un
si grand débit qu'à Paris, séjourne
plus long-tems dans les boutiques,
ce qui l'expose à perdre de sa vertu.

P. 148. l. 7. On lit : » Le Lilium
» est un puissant cordial, il pousse
» par les urines ou par les sueurs :
» comme alkali il dissout la bile
» résineuse , qui est la cause d'un
» grand nombre de maladies.

Rem. Nous avons déja observé
que le Lilium n'est pas un alkali
fixe, mais un alkali volatil. Or un

O

tel remede est trop vif pour pouvoir s'attacher au foye & y dissoudre une bile résineuse. Sa volatilité le porte aux parties supérieures, & c'est ce qui le rend propre à certaines maladies de la tête, qui dépendent du relâchement des fibres. Mais lorsqu'il s'agit de dissoudre une bile résineuse, on employe avec succès les remedes savoneux. Il est vrai qu'ils agissent plus lentement ; mais en récompense ils ne sont pas sujets à porter le trouble dans les humeurs.

P. 151. l. 24. On lit » Le Nitre » contient beaucoup d'acide, & » il est minéral.

Rem. Il faut joindre cette proposition avec celle que l'Auteur avance p. 112. l. 8. sçavoir, que *plus on met de Nitre pour faire le foye d'Antimoine, moins il est émétique, parce que les acides minéraux fixent l'éméticité de l'Antimoine.*

L'Auteur pense, comme on

voit, que le Nitre est un acide minéral. On n'a cependant encore trouvé aucune mine de Nitre, & M. Lemery a déja démontré dans les Memoires de l'Acad. Royale des Sciences, année 1717. que le Nitre doit son origine au regne végétal.

La plûpart des Chymistes regardent l'acide nitreux comme un acide végétal; l'Auteur avance cependant, comme une chose constante, & dont personne ne disconvient, que le Nitre est minéral. Mais enfin puisqu'il veut que ce Sel soit minéral, il falloit du moins tâcher de prouver qu'il est tel.

P. 152. l. antépénult. On lit: » Le diaphorétique minéral réussit » bien, sur tout dans les Rhumatif- » mes universels ou répandus, & » dans les maladies de la peau.

Rem. Les maladies de la peau sont de plusieurs especes. L'Antimoine diaphorétique conviendra-

t'il dans toutes ? Quelques-unes demandent qu'on augmente la tranf-
piration ; quelques autres , qu'on
la modere , quelques autres , qu'on
l'entretienne feulement. L'Antimoine diaphorétique produira-t'il
également tous ces differens effets?
Quelques-unes outre cela demandent qu'on humecte , quelques autres qu'on deffeche , l'Antimoine
diaphorétique fera-t'il indifferem-
ment l'un & l'autre ? Sera-t'il apé-
ritif, délayant, defféchant , felon
la volonté ?

    P. 156. l. 3. On lit : » L'Auteur
» de ce remede (de l'Antihectique qu'on nomme ordinairement
Antihectique de Poterius) » n'a
» point été bien connu de ceux qui
» en ont parlé. C'étoit un Mede-
» cin François de la Province
» d'Anjou : il fe nommoit *La Pote-*
» *terie,* & non pas *Potier.* On l'a fans
» doute confondu avec Michel
» Potier Chymifte Allemand.

                   Rem.

Rem. Nous n'examinerons point si ce que l'Auteur avance ici, est vrai ou faux ; nous remarquerons seulement qu'il falloit citer des garands, & que toute anecdote est suspecte.

P. 163. l. 19. On lit au sujet de la poudre d'Algaroth, » Victor » Algeroth, & non pas Algaroth, » étoit Medecin à Verone.

Rem. L'Auteur fait ici à l'égard du mot *Algaroth*, ce qu'il vient de faire à l'égard de celui de *Potier*, il ne cite aucun garand, il faut l'en croire sur sa parole. Quoi qu'il en soit, il est à louer de chercher les véritables noms des Auteurs ; mais il n'y réussit pas toujours : témoin ce que nous avons remarqué plus haut, p. 12. au sujet du Juif qu'il dit qui se nommoit *Rabbi*.

Même p. 163. l. 22. On lit : » On » l'a vû réussir (la poudre d'Alga- » roth) dans des occasions où l'E- » métique avoit été sans effet.

P

Rem. L'Auteur p. 92. l. 15. dit du Turbith minéral, précisément la même chose & dans les mêmes termes : *On l'a vû réuſſir* (le Turbith minéral) *dans des occaſions où l'Emétique avoit été ſans effet.* Mais cela n'eſt rien, il eſt permis à un Auteur d'uſer de répetitions tant qu'il veut ; nous avertirons ſeulement que la poudre d'Algaroth que notre Auteur , p. 162. l. 10. remarque avoir été appellée *Mercure de vie* , eſt un remede ſi dangereux , qu'il mériteroit plûtôt le nom de *Mercure de mort.* Cette obſervation eſt pour le moins auſſi importante que celles que l'Auteur fait ſur les mots d'*Algaroth* , d'*Algeroth* , de *Potier* & de *la Poterie.*

P. 171. l. 17. On lit : » Souvent » les mines même de Cuivre, ſe » changent naturellement en Vi- » triol, en perdant leur ſoufre.

Rem. Quand les mines de Cuivre ſe changent en Vitriol , c'eſt qu'elles reçoivent une plus grande quantité d'acides vitrioliques, & non, comme le croit l'Auteur, parce qu'elles perdent leur soufre; car en versant de l'huile de Vitriol sur du Cuivre, on transforme ce métal en Vitriol bleu.

P. 171. l. 15. On lit : » La terre » du Vitriol ne participe jamais » d'aucun autre métal que du fer » ou du cuivre ; mais elle participe » toujours de l'un ou de l'autre de » ces métaux.

Rem. *La Terre* du Vitriol bleu participe du cuivre. *La Terre* du Vitriol verd participe du fer. Celle du Vitriol verd bleuâtre participe de l'un & de l'autre de ces métaux. Mais la terre du Vitriol blanc ne participe ni de l'un ni de l'autre. Voilà ce que notre Auteur auroit dû remarquer. Nous le renvoyons là-dessus au Memoire de M. Geofroy, Hist. de l'Acad. R. de Sciences, année 1725. p. 301.

P. 177. l. 6. On lit : " *Eau de*
" *Rabel*. Mettez deux onces d'hui-
" le de Vitriol dans un matras ; ver-
" fez deffus peu à peu fix onces
" d'efprit de vin. Bouchez l'ouver-
" ture du matras avec un parche-
" min, que vous percerez avec une
" épingle. Laiffez le tout pendant
" douze heures expofé au foleil ou
" dans un lieu chaud, & l'y laiffez
" pendant deux jours. C'eft l'Eau
" de Rabel qui n'eft qu'un acide
" vitriolique dulcifié.

Rem. L'Eau de Rabel eft l'acide
du Vitriol dulcifié par l'efprit de
vin, & non, comme le croit l'Auteur, un acide vitriolique quelcon-
que. On peut dulcifier par l'efprit
de vin un acide vitriolique, tel
que celui du fouphre commun ;
mais cet acide dulcifié ne fera pas
de l'Eau de Rabel.

P. 182. l. 17. On lit : " Le Sel
" Sedatif n'eft plus fi fort en ufage
" qu'il l'a été ; ce qui vient de ce

» qu'on ne le prépare plus aujour-
» d'hui comme l'Auteur l'a donné.
» On donne un sel cryſtalliſé pour
» un sel ſublimé. Le ſel ſédatif a
» cela de commun avec preſque
» tous les autres remedes compo-
» ſez, qui n'ont bien réuſſi qu'au
» ſortir des mains de leurs auteurs,
» parce que dans la ſuite, l'avari-
» ce, l'ignorance ou l'envie de
» mettre du ſien, ont toujours ap-
» porté des changemens dans leur
» préparation.

Rem. Les Chymiſtes ſçavent
qu'elle eſt la longueur du procedé
de M. Homberg pour faire le Sel
Sedatif par un feu conſiderable de
pluſieurs heures, on ne ſublime,
ſelon le procedé dont il s'agit, que
quelques grains de ce Sel.

M. Geoffroy a trouvé une maniere aiſée d'avoir le Sel Sedatif;
c'eſt de diſſoudre d'abord du Bo-
rax dans de l'eau bouillante ; puis
de verſer par-deſſus, de l'huile de

Vitriol, & de mettre ensuite le tout cryſtalliſer. On a par ce moïen un Sel en panaches argentées, tels que ſont les Sels volatils cryſtalli-ſés, & c'eſt-là le Sel Sedatif. Comme ce Sel pourroit contenir du Sel de Glauber, on le met dans une cornue ; tout le Sel Sedatif ſe ſublime alors, & le Sel de Glauber reſte au fond.

Ce Sel Sedatif reſſemble en tout au Sel qu'on a dans le procedé de M. Homberg. Non ſeulement les ſens n'y apperçoivent aucune difference, mais les effets qu'il produit dans la pratique de la Medecine, ſont les mêmes. Il demande moins de peine & coûte moins.

Les procedés que les premiers Auteurs ont donné de leurs remedes, ne doivent donc pas être regardés comme des myſteres ſacrés auſquels il ne ſoit pas permis de toucher ; & lorſqu'on a trouvé une méthode pour perfectionner

ces procedés, on est à louer de la
mettre en pratique. La découverte que M. Geofroy a faite pour
préparer le Sel Sedatif avec moins
de dépense & plus de facilité, est
d'autant plus à estimer, que ce Sel
mérite de tenir rang parmi les meilleurs remedes de la Medecine. On
doit donc sçavoir gré à cet habile
Chymiste d'avoir bien voulu la pu-
blier.

L'avarice, dit notre Auteur, *l'ignorance*, *l'envie de mettre du sien*, *ont toujours apporté des changemens dans la préparation des remedes*. Nous demandons ici si c'est l'avarice qui a engagé M. Geofroy à rendre publique la découverte dont nous venons de parler, puisqu'en la pu-
bliant il se prive d'un profit considerable qu'elle auroit pû lui apporter.

Quant à *l'envie de mettre du sien*, il y en a de deux sortes, l'une sage & éclairée, qui ne mérite que des éloges, l'autre aveugle & présom-

ptueufe, qui ne mérite que le mé-
pris. Il ne les faut pas confondre
comme notre Auteur ; peut-il de-
favouer que ce ne foit non feulement au défintereffement & à l'ha-
bileté de M. Geofroy, mais à fon
émulation pour la perfection de la
Chymie, qu'eft dûe la découverte
dont il s'agit? Cette émulation a
fait naître en lui, l'envie de mettre
du fien, & cette envie a-t'elle produit des changemens defavanta-
geux?

P. 185. l. 3. On lit : » Le Nitre
» eft de tous les Sels celui qui a de
» plus grandes vertus........ Il eft
» un remede plus fouverain lorf-
» qu'il eft paffé dans le fang. Il faut
» pour cet effet ne le donner que
» depuis un grain jufqu'à cinq
» grains. Il fond les humeurs gluan-
» tes, & les détermine par les uri-
» nes, fans charger & fans échauf-
» fer les reins, comme font la plû-
» part des diurétiques. Au contraire

» re il raffraichit les reins enflam-
» més, c'eſt ce qui le rend utile dans
» les douleurs néphrétiques , dans
» les gonorrhées & dans les hydro-
» piſies. Il étend les principes du
» ſang , il en entretient la liaiſon ,
» & remedie à leur déſunion. C'eſt
» en cela ſur-tout qu'il eſt bon dans
» l'orgaſme pour prévenir la diſſo-
» lution du ſang , qui eſt un effet de
» l'agitation interne des humeurs
» dans l'orgaſme.

Rem. 1°. De ce que le Nitre raf-
fraîchit les reins enflammés , il ne
s'enfuit pas qu'il doive être utile
dans les gonorrhées , car ce ne ſont
pas les reins qui ſont affectés dans
les gonorrhées ; ce ſont les proſta-
tes, ce ſont les veſicules ſeminaires ,
&c. Il eſt vrai que le Nitre eſt utile
dans ces maladies ; mais ce n'eſt
pas par la raiſon que ſuppoſe notre
Auteur ; c'eſt parce que le Nitre
porte ſon action ſur les parties af-
fectées , & qu'il y produit les mê-

Q

mes effets qu'il produit sur les reins lorsqu'ils sont dans le cas.

2°. L'Auteur dit que le Nitre est aussi utile aux hydropiques. Mais à quels hydropiques ? Prétend-t'il que le Nitre soit utile dans toutes les hydropisies, dans l'ascite, par exemple, dans la tympanite ?

3°. Il avance que le *Nitre étend les principes du sang*, & par ce moïen *remedie à leur desunion* : il se trompe, le Nitre au lieu d'étendre les principes du sang, les rapproche, & c'est en cela qu'il remedie à leur desunion ; parce que premierement, il s'oppose par-là à la grande raréfaction qui leur survient dans l'orgasme ; & en second lieu, parce qu'en obligeant les parties du sang à se rapprocher, il donne occasion à la sérosité superflue de s'échapper par les reins, laquelle sérosité étendoit les parties du sang. Or quand une fois la sérosité superflue est évacuée, les parties du sang

auparavant defunies, reprennent
d'elles-mêmes leur liaifon natu-
relle.

P. 187. l. 21. On lit : » Les an-
» ciens Chimiftes croyoient que le
» Salpêtre contenoit beaucoup de
» feu ; & ils appréhendoient à cau-
» fe de cela, de le faire prendre in-
» térieurement : mais ils ont pré-
» tendu le purifier en le brûlant
» avec une matiere propre à attirer
» ce feu, & à lui fervir de pâture ;
» c'eft pourquoi ils fe font fervis
» du foufre. C'eft fans doute la
» fource de l'erreur de plufieurs
» Apoticaires, qui croyent qu'on
» leur demande le Criftal minéral
» lorfque les Médecins ordonnent
» le Nitre purifié.

Rem. L'Auteur auroit bien fait
de dire fi c'eft des Apothicaires
de village qu'il prétend parler ici ;
car nous le défions d'en trouver
aucun dans Paris, qui foit affez
ignorant pour confondre le Cry-

ſtal minéral avec le Nitre purifié.

P. 191. l. 22. On lit : » Le Nitre » n'eſt inflammable , comme nous » l'avons déja dit , que par ce qui » eſt charbon : plus une matiere eſt » charbon , plus elle enflamme le » Salpêtre.

Rem. Le Tartre mêlé au Salpêtre le rend inflammable & le décompoſe ; le Tartre cependant n'a pas encore été mis par les Chymiſtes au rang des charbons ; c'eſt, ſuivant notre Auteur , une faute qu'on a faite , & il faudra l'y mettre dorénavant , s'il eſt vrai que le Nitre ne ſoit inflammable que par ce qui eſt charbon.

P. 192. l. 12. On lit : » Le Nitre fixé n'eſt que la terre du Nitre dans laquelle eſt fixé l'acide » du charbon , qui eſt un acide » végétal.

Rem. L'Auteur auroit de la peine à prouver que l'acide du charbon reſte dans l'alkali du Nitre à

la

la place de l'acide nitreux.

Quant à ce qu'il ajoute que l'a-
cide du charbon est un acide vegetal, nous remarquerons que cet
acide n'est pas plus vegetal que
l'acide du nitre que nous avons observé plus haut, être un acide vegetal.

P. 193. l. 13. on lit : » Pour dé-
» composer le nitre, le feu ne suf-
» fit pas ; il le fond sans le décom-
» poser. Il faut pour en détacher
» l'acide, se servir d'un acide qui
» ait un rapport encore plus grand
» avec *la terre du nitre*, que n'en a
» son propre acide. L'acide du ni-
» tre détaché de sa terre par un aci-
» de plus fort, cede à l'impression
» du feu.

Rem. L'Auteur n'a eu en vûe
que les opérations où l'on chasse
l'acide du nitre de sa base, par les
acides vitrioliques, & non celles
où l'on chasse cet acide par des
matieres inflammables comme

R

sont le tartre, le charbon; car il
ne paroit pas que l'acide du tartre
ait plus de force que celui du nitre, puisque les Chymistes regardent l'un & l'autre acide comme
vegetaux.

P. 194. dans l'article de la distillation du nitre vers la fin, l. 27. On
lit : » Si l'on fait bouillir ce qui re-
» ste dans la cornue, qu'on filtre
» & qu'on mette à crystallifer, on
» ne pourra tirer aucun sel ; & lorf-
» qu'on en retire, il eft fûr que
» c'eft un vrai nitre qui n'a point
» été décompofé.

Rem. Il arrive cependant, quoiqu'en dife l'Auteur, que fi on fait
calciner le réfidu de l'opération,
on en retire un fel qui n'eft pas du
nitre, mais un vrai *Arcanum duplicatum*. En effet les acides vitrioliques quittent leur matrice, & s'en-
gagent dans celle des acides du nitre qui paffent dans le recipient.
La décompofition du nitre entraî-

ne nécessairement après elle la composition d'un nouveau sel : il est vrai néanmoins qu'il pourroit se trouver du nitre dans le résidu, si l'on n'avoit pas assez poussé le feu, ou qu'on eût employé une trop grande quantité de nitre.

P. 204. l. 10. On lit : » On a or-» dinairement ce sel (de Colco-» thar) dans les boutiques pour » l'*Arcanum duplicatum*.

Rem. Cette proposition est chimérique pour ce qui regarde les boutiques de Paris. On n'y trouvera aucun Apothicaire capable de donner pour l'*Arcanum duplicatum*, le sel de Colcothar qui est un véritable vitriol & qui en a la couleur. Nous osons arguer là-dessus de méprise, notre Auteur.

P. 208. l. 27. On lit : » Le sel » marin est le plus amer de tous » les sels neutres. Cette amertume » lui vient de ce que la mer cou-» vre des endroits que les volcans » lui ont creusez.　　　　R ij

Rem. Le sel d'Ebson, & tous les
sels vitrioliques paroissent plus a-
mers que le sel marin, si tant est
que le sel marin soit amer. Quant
à la raison que l'Auteur donne ici
de cette amertume, tout le monde
en peut juger, c'est tout ce que
nous en dirons.

P. 213. l. 27. On lit : » Le sel
» d'Ebson est de la nature du sel de
» Glauber; il y a plusieurs fontai-
» nes, même en France, qui four-
» nissent ce sel.

Rem. Le sel d'Ebson est un composé de sel de Glauber & de sel
marin, comme l'a montré M. Boulduc, Mem. de l'Acad. 1731. par
une suite de procedés fort ingé-
nieux. Il y découvre l'origine de
ce sel, & fait voir que la petite fontaine d'Ebson n'est pas capable
d'en fournir autant qu'il s'en débi-
te. On n'a qu'à consulter ce mémoire. Il n'est pas moins curieux
qu'instructif.

Quant à ce que l'Auteur ajoute qu'il y a plusieurs fontaines, même en France, qui fourniſſent ce ſel ; pourquoi n'a-t'il pas nommé ces fontaines, ou du moins quelques-unes ?

Même p. 213. l. penult. On lit : » A une petite lieue de Monteſ-» pan en Gaſcogne, il y a une fon-» taine qui donne abondamment » d'un ſel tout-à-fait ſemblable au » ſel de Glauber.

Rem. Cette fontaine de Gaſco-gne n'eſt pas la ſeule qui contien-ne du ſel de Glauber ; & ſans aller ſi loin, les eaux de Paſſy en con-tiennent, comme l'a fait voir M. Boulduc dans les Mémoires de l'Academie, année 1726.

P. 212. l. 12. On lit : » *Sel de Glau-*» *ber*, Prenez une once de ſel ma-» rin ſeché & réduit en poudre. » Mettez-le dans un creuſet ſous » la cheminée. Verſez dedans dou-» ze onces d'huile de vitriol : il s'é-

» levera une fumée qui est l'esprit
» de sel ; cette fumée étant passée,
» vous mettrez votre creuset dans
» un réchaut où il y ait de la cen-
» dre chaude & du feu. Vous y
» laisserez sécher la matiere pen-
» dant deux heures ; ensuite vous
» placerez votre creuset dans un
» fourneau à grille entre les char-
» bons ardens.

Rem. L'Auteur auroit dû consulter un peu l'épargne dans la préparation du sel de Glauber ; & au
lieu de commencer l'opération
dans un creuset, il n'avoit qu'à la
commencer dans une cornue pla-
cée sur un réchaut, y mettre le sel
marin seché, & y verser peu à peu
l'huile de vitriol. Ensuite ajuster à
cette cornue un grand récipient
de verre, & lutter les jointures ; il
auroit eu par ce moyen, un esprit
de sel excellent, au lieu que dans
le procedé qu'il donne, cet esprit
se perd. L'épargne que je propose

ici est un peu plus importante que celle que propose l'Auteur, p. 80. l. 20. à l'égard de la poele dont on se sert pour faire le sel de Mars. Voici ses paroles, elles sont véritablement curieuses.

Prenez, *dit-il*, poids égal d'huile de vitriol & d'esprit de vin; versez dans une poële de fer qui soit neuve; ensuite couvrez la poële, & ne l'exposez ni au feu ni au Soleil qui dissiperoient l'esprit de vin; mettez-là en un lieu temperé.... *Au reste il n'est pas nécessaire de perdre pour cela une poele; il n'est pas essentiel à l'opération de la faire dans une poële; on peut se servir fort bien d'une feuille de tôle qu'on aura fait battre sur l'enclume ou sur l'étau; de sorte que les bords en soient un peu relevez, & le milieu enfoncé.*

Je laisse aux Lecteurs à faire leurs réflexions sur ce ménage.

P. 243. l. 20. on lit : » Les al-» kalis sont les vrais dissolvans des

» huiles. L'alkali du tartre mêlé a-
» vec les criſtaux de tartre , en divi-
» ſe le principe huileux & le met en
» état de pouvoir être étendu dans
» l'eau ; ce qui forme un ſel ſoluble.

Rem. Dans l'opération du Sel
végétal , c'eſt aux huiles qui s'en-
flamment lorſqu'on mêle de la
crême de Tartre à l'Alkali, qu'il
faut attribuer la chaleur de la fermentation qui s'y paſſe. Ces huiles enflammées n'empêchent plus
alors l'ingrès des molecules d'eau
dans les pores du ſel qui réſulte
de l'union de la crême de Tartre
& du ſel alkali. C'eſt de cette facilité plus ou moins grande qu'au-
ront les parties de l'eau à entrer
dans les pores du ſel, que dépendra la ſolubilité plus ou moins
grande des ſels. Un ſel gras &
huileux ne ſera que peu ſoluble ,
parce que l'eau ne peut s'y inſi-
nuer que par un petit nombre
d'endroits : d'ailleurs l'Alkali qu'on
mêle

mêle aux cryſtaux de Tartre, étant très-ſoluble, leur communiquera de la ſolubilité.

P. 245. l. 24. On lit : » Le Sel » végétal a eu beaucoup plus de » crédit en Medecine qu'il n'a au- » jourd'hui. Il y a deux raiſons de » ce changement. La premiere, » c'eſt qu'on ne le prépare plus au- » jourd'hui comme on le prépa- » roit dans les premiers tems qu'on » l'a connu. C'eſt ce qui a fait » que lēs Medecins ne lui ont pas » attribué les mêmes qualités. Le » ſel qu'on donne pour le ſel vé- » gétal, n'eſt pas toujours un ſel » végétal, c'eſt un ſel que je n'en- » treprends point de définir. Voi- » ci comment ils le préparent : ils » mêlent enſemble du Tartre crud » & du Salpêtre, le tout en poudre. » Ils en font la projection dans un » creuſet rougi entre les charbons » ardens. Après avoir calciné la » matiere, ils la font fondre dans

S

» de l'eau ; ils filtrent la liqueur, &
» ils font évaporer jufqu'à ce qu'il
» leur refte un fel fec , qu'aucun
» Medecin, je crois, ne s'eft atten-
» du qu'on donneroit , lorfqu'il a
» ordonné le Sel-végétal.

Rem. L'Auteur dit que le fel
dont il vient de décrire la préparation, n'eft pas toujours un fel végétal. Suivant fon fyftême, le Tartre qui eft végétal, & le Nitre qui
felon les Chymiftes, eft auffi un fel
végétal, (quoique felon notre Auteur, ce foit un minéral) entreront
dans la compofition de ce fel, il
fuit de là, que le fel dont il s'agit, eft
tiré du regne végétal ; mais il faut
remarquer qu'il eft bien different
du Tartre foluble, puifque celui-ci
eft le cryftal de Tartre rendu foluble par le fel alkali de Tartre, &
que le fel que notre Auteur *n'entre-*
prend point de définir, eft un fel alkali
compofé de la partie alkaline du
Tartre, mêlée à celle du Nitre.

Aucun Medecin, je crois, ajoute notre Auteur, *ne s'est attendu qu'on donneroit ce Sel, lorsqu'il a ordonné le Sel végétal :* nous le croyons comme lui ; car le Tartre soluble étant un sel salé, & le sel dont nous venons de parler étant un sel alkali, aucun Medecin n'a dû s'attendre qu'on donneroit ce sel, lorsqu'il auroit ordonné le sel végétal. Mais nous soutenons en même tems, que les Apothicaires sont incapables de cette superchetie, & que l'Auteur les accuse d'autant plus mal à propos, que ce sel leur couteroit plus cher que le sel végétal, puisque dans la préparation dont il s'agit, il y a plus des trois quarts des matieres, de perte.

P. 248. l. 4. On lit touchant la préparation du sel de Seignette, les paroles suivantes : » On m'a dit » que M. Boulduc, après avoir fil- » tré la dissolution de la Soude, » la mettoit à cristalliser, & qu'il

» en retiroit par ce moyen le fel
» marin qui fe trouve toujours dans
» la foude ; c'eft une bonne pré-
» caution.

Rem. L'Auteur, au lieu de s'en
tenir ici à un oüi dire, auroit dû
confulter M. Boulduc lui-même.
Ce fçavant Chymifte demeure au
milieu de Paris ; rien n'étoit plus
facile à notre Auteur que de le
voir, & de fe tirer par-là de doute;
ou bien il n'avoit qu'à lire le Memoire que le même M. Boulduc
a donné fur le fel de Seignette,
dans le volume de l'Hiftoire de
l'Académie des Sciences, année
1731. il y auroit trouvé p. 126. le
difcours fuivant, où M. Boulduc
découvre le fecret de faire le Sel
dont il s'agit:

» M. Groffe, dit-il, me fit voir
» un Sel qui fe féparoit ou fe dé-
» pofoit peu à peu de la folution
» de cette matiere (de la foude,)
» & qui, quoiqu'il foit figuré com-
» me

» me un Sel de Glauber, ne laisse
» pas de fermenter avec tous les
» acides : avec les minéraux en par-
» ticulier, très-vivement, & avec
» les acides végétaux plus lente-
» ment, comme avec le jus de ci-
» tron, avec le vinaigre & autres.
Par où on voit que M. Boulduc
ne parle pas de ce Sel comme d'un
sel marin.

P. 250. l. 7. où il est parlé du
Sel de Seignette, autrement dit *Sel
de la Rochelle*, On lit : » Ce sel se
» nomme Sel de Seignette, du
» nom de son auteur, ou Sel de la
» Rochelle, du lieu où il a été in-
» venté, & où on en fait encore
» beaucoup. Il n'est pas à propos
» de le nommer Sel Polycreste de
» la Rochelle, ou de Seignette, de
» peur qu'on ne prenne le change,
» & qu'on ne donne le Sel Poly-
» creste ordinaire qui est un sel
» minéral, pour le Sel de Seignette
» qui est de l'espece des végétaux.

Rem. L'Auteur est mal fondé de vouloir qu'on change le nom connu & usité d'un Sel comme celui-ci, de peur, dit-il, qu'on ne prenne le change, & qu'on ne donne le Sel Polycreste ordinaire pour le Sel de Seignette ; car lorsqu'on demande du Sel Polycreste de la Rochelle ou de Seignette , les mots *de la Rochelle* ou *de Seignette* , déterminent trop particulierement ce Sel, pour qu'on puisse le confondre avec le Sel Polycreste ordinaire. La crainte de notre Auteur est hors de place.

Même p. 250. l. 17. On lit : » Le » Sel de Seignette est fort en usa- » ge aujourd'hui ; mais cela ne sub- » sistera peut-être pas toujours. Il » lui arrivera ce qui est arrivé à » tous les autres Sels ; je sçai qu'on » le prépare déja avec les cendres » gravelées.

Rem. L'Auteur creuse ici dans l'avenir. D'abord il augure que la

vogue du Sel de Seignette ne du-
rera pas toujours ; puifqu'il affure
qu'il arrivera à ce Sel ce qui eft
arrivé à tous les autres : & pour ju-
ftifier d'avance fa prédiction, il dit
qu'on prépare déja le Sel dont il
s'agit , avec les cendres gravelées.
Mais pourquoi attribuer comme il
fait, la prétendue décadence futu-
re de ce Sel, aux prétendues mau-
vaifes préparations qu'il prétend
qu'on en fera ? C'eft, dit-il, qu'on
le prépare déja avec les cendres
gravelées ; il eft vrai qu'il le dit,
mais il ne le perfuadera jamais à
perfonne ; car outre que l'on donneroit par là un autre fel que celui
de feignette, on dépenferoit beaucoup plus ; les cendres gravelées
coutant trois fois plus que la foude.

P. 262. l. 22. on lit : » *Efprit*
» *ardent de Genievre.* Prenez des
» bayes de Genievre bien mu-
» res & fraiches, pilez-les dans un
» mortier de marbre ; enfuite met-

T ij

» tez dans une cucurbite, ajoutez-
» y la dixiéme partie de miel, ver-
» fez fur le tout de l'eau chaude,
» jufqu'à ce que les bayes com-
» mencent feulement à être cou-
» vertes d'eau. Couvrez la cucur-
» bite, & laiffez le tout dans cet
» état dans un lieu médiocrement
» chaud, pendant cinq ou fix jours.
» Enfuite mettez la cucurbite au
» bain marie, & après avoir ajufté
» un chapiteau à la cucurbite, &
» au bec du chapiteau un récipient,
» faites un feu doux que vous con-
» tinuerez jufqu'à ce qu'il ne diftil-
» le plus qu'une eau infipide, (elle
» fera aigre fi vous avez laiffé fer-
» menter trop long-tems les baïes.)
» Enfuite délutez les jointures,
» vous aurez dans le récipient,
» l'efprit ardent de Genievre.....
» on voit fur l'efprit ardent de Ge-
» nievre une huile, qu'on nomme
» effence ou quinteffence de Ge-
» nievre...... Si on prend ce qui

» reſte dans la cucurbite, & qu'on
» le mette à la preſſe, il en découle
» une liqueur qu'on paſſe enſuite ;
» on la fait évaporer juſqu'à ce qu'il
» reſte une matiere qui ait une con-
» ſiſtance de miel épais, c'eſt ce
» qu'on nomme extrait de Genie-
» vre.

Rem. Nous avons copié tout ce
paſſage pour les ſeules paroles de
la fin, au ſujet de l'extrait de Genievre, dans le deſſein de faire
mieux voir ce que l'Auteur entend
par l'extrait de Genievre. Il veut
donc que pour faire cet extrait on
pile les grains de Genievre, &
qu'on employe le miel. Cet Auteur qui a copié le Code de la Faculté de Medecine ſur pluſieurs
autres préparations, quoiqu'il l'ait
fait ſans en rien dire, auroit bien
dû le copier auſſi dans cette ren-
contre, ſauf à n'en rien dire non
plus s'il n'eût voulu, (ce qu'on lui
auroit facilement pardonné en fa-

veur de la préparation qui eût été meilleure. Voici donc comme s'exprime fur ce fujet, le Code en queftion.

℞. *Baccarum Juniperi libras duas, biduo vel triduo macerentur in aqua ferventis libris octo. Bulliant per duas horas; exprime. Liquor refidendo defœcatus coletur per manicam, & vaporet balneo maris ad extracti confiftentiam.»* C'eft-à-dire, prenez deux
» livres de bayes de Genievre,
» mettez-les dans huit livres d'eau
» bouillante, & les y laiffez pen-
» dant deux ou trois jours. Faites-
» les enfuite bouillir dans la même
» eau l'efpace de deux heures, puis
» exprimez, & la liqueur qui forti-
» ra, laiffez-la repofer quelque tems
» pour la paffer par un couloir.
» Quant elle fera paffée, faites-la
» évaporer au bain-marie en con-
» fiftance d'extrait.

Tel eft le procedé que prefcrit la Faculté de Medecine de Paris,

pour faire l'extrait de Genievre,
procedé d'autant plus digne d'at-
tention, que cette sçavante Faculté le prescrit dans un *Code, dres-
sé exprès par elle pour servir de régle aux Apothicaires, & auquel
elle veut qu'ils se rapportent absolument, jusques-là même qu'elle a
obtenu pour cela, un Arrest du Par-
lement.

Selon ** cette Méthode on ne
pile point les grains de Genievre,
& par conséquent on ne commu-
nique point à l'extrait, la qualité
des pepins ou noyaux qu'ils con-
tiennent, laquelle n'est pas balsa-
mique comme celle des grains ; de
plus on n'employe pas le miel,
dont l'addition empêche que l'extrait ne soit aussi pur & aussi naturel qu'il doit l'être.

L'extrait dont il s'agit est le sim-

* Journal des Sçavans du mois d'Octobre
1734.
** Même Journal.

ple, * mais il y en a un double,
Extractum juniperi duplicatum, dont
notre Auteur ne parle point, lequel se fait en mêlant dans la liqueur épaissie, l'esprit ardent & la
quintessence qu'on a tirée du gé-
nievre par la distillation. Cet extrait n'est pas si doux & si balsami-
que que le premier, il est plus actif
& convient moins aux personnes
d'un tempérament vif & sec. En
général le premier est préférable,
& c'est pour cette raison que la Faculté de Medecine s'en est tenue
à celui-là.

P. 273. l. 17. on lit : » Crême de
» tartre. Prenez une livre de tartre
» en poudre, mettez-le dans un
» pot de terre, versez dessus cinq
» ou six pots d'eau bouillante, ayant
» placé le pot sur un trépied sur le
» feu, vous ferez bouillir pendant
» un quart d'heure, en écumant de
» tems en tems. Ensuite passez la

* Même Journal.

liqueur

» liqueur dans un morceau de fla-
» nelle, & la mettez à criſtalliſer
» dans un lieu frais, il ſe formera
» deſſus une crême ſaline que vous
» ramaſſerez; & vous verſerez l'eau
» par inclination pour avoir les cri-
» ſtaux qui ſe feront formez aux cô-
» tés & au fond de la terrine.

Rem. Il eſt impoſſible comme
nous l'avons trouvé remarqué dans
le Journal des Sçavans d'Octobre
dernier, article dernier, que par
une telle méthode notre Auteur ni
aucun Artiſte ait jamais fait de bonne crême de tartre. Il faut pour en
venir à bout, ſéparer d'avec le tartre une portion conſidérable de
ſon huile; ce qui ne peut s'obtenir
facilement que par le moyen de
quelque terre ſavoneuſe & très-
graſſe, propre à ſe charger de cette
huile; or dans la préparation que
propoſe notre Auteur, on ne joint
au tartre que l'eau ſeule qui n'eſt
nullement capable par elle-même

d'abforber cette huile, ou d'en féparer au moins une portion fuffifante : la crême de tartre, ainfi qu'il a été encore obfervé dans le même Journal, fe fait avec une terre très-abforbante qui fe trouve en grande quantité dans le Languedoc, & dont il y a de trois efpeces. La premiere eft commune dans toute la Province de Languedoc ; la feconde fe trouve dans le territoire d'Aniane, ce qui la fait nommer *Terre d'Aniane*, & la troifiéme dans le village de Merviel, ce qui la fait nommer *Terre de Merviel*. Toutes trois font bonnes pour l'opération dont il s'agit ; mais la derniere eft la meilleure, & c'eft celle dont on fe fert depuis quelques années. L'opération eft longue, M. Fifes en a donné la defcription dans le dernier Mémoire de l'Academie Royale des Sciences, de l'année 1725. nous y renvoyons.

P. 274. l. 1. on lit ; » Les Apo-

» tiquaires ne font point dans l'u-
» fage de faire la quinteffence d'ab-
» finthe, ce qui prive la Medeci-
» ne d'un grand remede. Ils don-
» nent fouvent pour la Quinteffen-
» ce d'abfinthe une compofition
» faite avec la canelle, le girofle,
» l'écorce de citron, & les fommi-
» tez d'abfinthe; ils verfent fur le
» tout de l'efprit de vin, & après
» l'avoir laiffé quelque tems en di-
» geftion ils en font la diftillation.
» Ce qui a engagé les Apotiquaires
» à donner cette liqueur compo-
» fée au lieu de l'effence d'abfin-
» the, c'eft le grand débit qui fe
» fait de la Quinteffence d'abfin-
» the, & la petite quantité qu'en
» fournit l'abfinthe.

Rem. On ne peut accufer plus
griévement les Apothicaires que
le fait ici notre Auteur. Il leur re-
proche une prévaricarion qui mériteroit d'être punie, s'ils en étoient
coupables.

Ils donnent, dit-il, pour quinteſſence d'abſinthe une compoſition qui n'en eſt pas, & la raiſon
qui les engage à cette conduite
qui prive la Medecine d'un grand
remede, c'eſt pourſuit-il, le grand
débit de la quinteſſence d'abſinthe,
& la petite quantité qu'en fournit
l'abſinthe. Voilà une tromperie
de la part des Apothicaires ſi on
les en peut convaincre, mais nous
oſons défier l'Auteur de prouver ce
qu'il dit.

P. 279. l. 4. on lit : » Il n'y a point
» de Sel alkali dans l'animal ſain ;
» ce qu'on en tire par la Chimie
» eſt preſque tout alkali, mais cet
» alkali n'eſt point naturel dans les
» animaux. Il eſt l'ouvrage du feu
» & de la fermentation des liqueurs
» hors du corps.

Rem. L'auteur après avoir avancé ce ſentiment qui eſt vraiſemblable, entreprend de l'appuyer de
preuves ;

preuves; les preuves qu'il apporte se réduisent à quatre, & de ces quatre il n'y en a aucune qui ne soit une pure pétition de principe. Messieurs les Journalistes de Paris l'ont fait voir au long dans le Journal d'Octobre dernier, article dernier; nous y renvoyons.

P. 281. l. 23. On lit : » Notre Sel » ammoniac n'est point naturel, il » est artificiel ; c'est un Sel neutre » composé d'un Sel urineux & d'un » Sel marin.

Rem. Voilà tout ce que l'Auteur nous dit sur l'origine du Sel ammoniac ; mais nous avertirons qu'on peut consulter là-dessus les Mémoires de la Compagnie de Jesus dans le Levant, t. II. à Paris 1717. on y verra la maniere dont les Egyptiens font ce Sel, & cela mérite d'être lû.

P. 293. l. 6. On lit : » Le Sel, » l'esprit & l'huile de corne de

X

« Cerf, font des productions du
» feu.

Rem. Le Sel qu'on retire par la
diftillation de la Corne de Cerf,
n'étoit point volatil avant l'action
du feu. Il étoit fous la forme de
Sel ammoniacal; c'eft là l'origine
de fa pefanteur. Car dans cette diftillation l'efprit & le fel ne mon-
tent qu'après le phlegme. Le feu
dégage ces Sels d'avec les huiles
qui les appefantiffoient; ainfi les
acides qui forment la baze de ces
Sels, ne font point des productions
du feu. Pour ce qui eft de l'huile
qui les enveloppe, on ne conçoit
pas par quelle méchanique le feu
la pourroit former. L'Auteur auroit bien dû déterminer cette méchanique, d'autant plus qu'on a
toujours regardé jufqu'ici le feu
comme le deftructeur des huiles.
D'où vient que l'Auteur ne dit pas
auffi par le même principe, que le

feu a formé le phlegme qui commence d'abord à diftiller & le *caput. mortuum*, qui refte après la diftillation ? ces principes ne paroiffent pas d'une conftruction plus difficile que les huiles & les fels, & fi le feu forme ces principes dans la diftillation de la corne de Cerf, pourquoi ne les formera-t'il pas dans les autres diftillations ?

Même p. 293. l. 7. On lit : **La** » corne de Cerf bouillie ne donne » aucun goût à l'eau, la gelée de » corne de Cerf eft très-peu falée, » & on peut s'affurer que le peu de » falure qu'elle a, lui vient du feu.

Rem. L'Auteur auroit dû prévenir ici une difficulté, fçavoir, que fi la corne de Cerf bouillie ne donne aucun goût à l'eau ; cela peut procéder de ce que l'ébullition n'a pas affez de force pour défunir les principes de cette corne, parce que les huiles & la terre qu'elle

contient enveloppent les Sels ; &
que ces Sels enveloppés ne peuvent alors exciter aucun fentiment
de goût. La gelée de corne de
Cerf eft un peu falée, ce qui fait
voir que lorfque l'eau peut en pénétrer les principes, elle les mon-
tre tels qu'ils font.

P. 296. l. 10. On lit : » On n'en-
» tend point ici par *folidité* ce qu'-
» on exprime ordinairement en
» Geométrie par ce mot, fçavoir,
» le diamétre des corps. On en-
» tend feulement ici la quantité de
» leur matiere.

Rem. L'Auteur fait de cela une
note exprès, afin qu'on le remarque mieux, mais il fe trompe con-
fidérablement. Jamais en Geométrie, on n'a exprimé par *folidité* le
diamétre des corps. Et comme
nous l'avons vû remarqué dans le
Journal des Sçavans du mois d'O-
ctobre dernier, article dernier, une

telle définition de la solidité, ne se trouve sûrement pas dans Euclides. Ce que le même Auteur ajoute, sçavoir; que par le mot de *solidité* il entend la quantité de la matiere, n'est pas moins nouveau. Mais après tout, il lui est permis d'entendre par-là ce qu'il lui plaît.

P. 297. l. 22. On lit: » Il n'y a
» point de matiere animale qui
» donne tant de sel qu'en donne la
» soye, & elle donne très-peu
» d'eau.

Rem. L'Auteur n'y pense pas : la pierre de la vessie de l'homme à la distillation donne encore plus de sel volatil que la soye ; car d'une livre de calcul humain, on tire treize à quatorze onces de sel volatil.

P. dern. l. 10. On lit : » Il ne
» faut pas confondre les goutes
» d'Angleterre dont nous venons
» de parler, avec une liqueur
» qu'on a apportée d'Angleterre

» dans ces derniers tems, & qu'on
» nomme autrement *Stotum*. Cette
» liqueur eſt faite avec des écor-
» ces d'oranges ameres, de la car-
» line, & un peu de ſafran orien-
» tal. Le *Stotum* eſt un amer qu'on
« vante pour l'eſtomac & pour le
» ſcorbut.

Rem. Le *Stotum* dont parle ici l'Auteur, eſt une drogue inconnue à toute la Pharmacie. Il fait mention de ce chimerique *Stotum* en quatre endroits de ſon Livre; ſçavoir, deux fois à la page cy-deſſus citée, une fois à la marge de cette même page, & une autre fois à la Table.

Il y a bien une liqueur nommée l'*Elixir de Stougthon*, laquelle eſt venue depuis peu d'Angleterre : mais cette liqueur n'eſt pas faite comme le prétendu *Stotum* de notre Auteur. Voici la véritable compoſition de l'*Elixir de Stoug-*

thon, selon le Dictionnaire Medicinal imprimé à Bruxelles en 1733. in-12. Une poignée d'abſinthe, autant de gentiane, autant de chamædris, autant d'écorces d'oranges ameres, quatre drachmes de rhubarbe, & deux drachmes d'aloes, le tout infuſé enſemble dans quatre livres d'eſprit de vin l'eſpace de quinze jours, & puis filtré. On en prend environ vingt-cinq goutes, plus ou moins ſelon l'âge, ſoit dans du vin, ſoit dans du thé, ſoit dans de l'eau, lorſqu'on eſt atteint de quelque maladie où les amers conviennent.*

* Voyez le Journal des Sçavans du mois d'Octobre dernier, article dernier.

REMARQUES
SUR TOUT L'OUVRAGE.

L'Auteur dans son Traité omet tant de choses nécessaires, qu'il faudroit un second Ouvrage pour y suppléer. Il ne parle point des opérations en général ; il ne parle que de la distillation. Il oublie la fermentation & ses differentes especes, la dissolution, la précipitation, la digestion, la crystallisation, l'extraction, la calcination, &c.

Quant aux opérations particulieres, il passe sous silence plusieurs préparations très-utiles, telles que sont la sublimation du Mars, le Mars potable de Willis, &c. la Panacée mercurielle, les Savons & leurs differentes especes, le Vinaigre distillé, la terre foliée de Tartre, &c. Il eût été

plus

plus à propos d'entretenir là-des-
fus les Etudians en Chymie pour
qui il écrit, que d'employer tant
de pages, comme il le fait au commencement de fon Livre, à leur
parler d'Hébreu, de Grec, d'Ara-
be, de Perfan, de Caldéen, de
Géométrie, d'Algebre, &c.

Un autre défaut confidérable de
ce Traité, c'eft que l'Auteur croit
qu'en Medecine il faut mefurer
autrement les liqueurs que les drogues feches & molles, fçavoir par
pintes, chopines, &c. En quoi il
fe trompe. Les Medecins mefu-
rent les liqueurs par livres, demi-
livres, drachmes, &c. comme les
autres drogues. La pinte varie felon les lieux, mais le poids de Medecine ne varie point. La pinte
de Saint Denis, par exemple, eft
le double de celle de Paris, & il
n'eft perfonne qui à Saint Denis
voyant ordonner dans le Livre de
notre Auteur, une pinte d'eau de

Y

vie ou d'autre liqueur, n'en mette deux pintes. Il en sera ainsi des autres lieux. Voilà ce que notre Auteur auroit dû prévoir.

Un autre défaut encore de ce Traité de Chymie, c'est qu'on y copie mot à mot plusieurs endroits de differens Livres, sans rendre à leurs Auteurs l'honneur qui leur est dû. Le Code de la Faculté de Medecine de Paris entre autres, est un de ces Livres. On en trouvera quelques exemples cités dans le Journal des Sçavans du mois d'Octobre dernier.

Voilà les Remarques qui nous font venues sous la plume à la premiere lecture du Livre. Nous ne répondons pas qu'à une seconde, nous n'en augmentions peut-être le nombre ; ce qui dépendra de l'occasion.

FIN.

TABLE

DES MATIERES.

A

C

D

M.

R.

flamment, lorfqu'on met la creme de tartre à l'alkali, qu'il faut attribuer la fermentation qui s'y paffe, 104

Venus. Que les cryftaux de Venus faits par les acides du vinaigre, étant mis à la diftillation, ne donnent point un efprit ardent, mais un efprit acide, 26

Vin émétique. Pourquoi aujourd'hui moins en vogue, 64. Que c'eft fe tromper de croire qu'il foit d'un bon ufage dans les armées, *ibid.*

Vitriol. Que c'eft le vitriol verd qu'on doit employer pour faire le fublimé corrofif, 49

Vitriol. Que la terre du vitriol bleu participe du cuivre ; que celle du vitriol verd participe du fer ; que celle du vitriol verd bleuâtre participe de l'un & de l'autre de ces métaux ; mais que celle du vitriol blanc ne participe ni de l'un ni de l'autre, 87

Fin de la Table des Matieres.

Fautes

parce que les Medecins ne reconnoiſſent plus dans lui les effets qu'on lui a attribués, lorſqu'on a commencé à le connoître ; ce qui vient, &c.

P. 90. *l.* 20. donné, *liſez* donnés.

P. 101 *art. dern.* prenez une once, *liſez* prenez une livre.

APPROBATION.

J'Ai lû par ordre de Monſeigneur le Garde des Sceaux, le Manuſcrit du N°. 3424. intitulé : *Remarques de Chymie, touchant la préparation de differens Remedes uſités dans la pratique de la Medecine.* Je l'ai paraphé par tout, & je juge qu'il pourra être utile aux Etudians en Chymie. A Paris le 22 Avril 1735.

WINSLOW.

PRIVILEGE DU ROY.

LOUIS par la grace de Dieu Roy de France & de Navarre, à nos amez & feaux Conſeillers les Gens tenans nos Cours de Parlemens, Maîtres des Requêtes ordinaires de notre Hôtel, Grand Conſeil, Prevôt de Paris, Baillifs, Sénéchaux, leurs Lieutenans Civils & autres nos Juſticiers qu'il appartiendra, SALUT. Notre bien amé * * Libraire à Paris, Nous ayant fait ſupplier de lui accorder nos Lettres de permiſſion pour l'impreſſion d'un Livre intitulé :

*Remarques de Chymie touchant la prépara-
tion de differens Remedes ufitez dans la pratique de la Medecine*, offrant pour cet effet
de le faire imprimer en bon papier & en
beaux caractéres, fuivant la feuille imprimée & attachée pour modele fous le contre-
fcel des Préfentes ; Nous lui avons permis &
permettons par ces Préfentes, de faire imprimer ledit Livre cy-deffus fpécifié, con-
jointement ou féparément, & autant de fois
que bon lui femblera, & de le vendre, faire
vendre & débiter par tout notre Royaume
pendant le tems de trois années confecutives,
à compter du jour de la date des Préfentes :
Faifons défenfes à tous Libraires, Imprimeurs & autres perfonnes de quelque qualité
& condition qu'elles foient, d'en introduire
d'impreffion étrangere dans aucun lieu de
notre obéiffance ; à la charge que ces Préfentes feront enregiftrées tout au long fur le
Regiftre de la Communauté des Libraires &
Imprimeurs de Paris dans trois mois de la
date d'icelles ; que l'impreffion de ce Livre
fera faite dans notre Roïaume & non ailleurs,
& que l'Impétrant fe conformera en tout aux
Reglemens de la Librairie, & notamment à
celui du dix Avril 1725. & qu'avant que de
l'expofer en vente, le Manufcrit ou Imprimé
qui aura fervi de copie à l'impreffion dudit
Livre, fera remis dans le même état où l'Approbation y aura été donnée, ès mains de
notre très-cher & feal Chevalier Garde des
Sceaux de France le Sieur Chauvelin ; &
qu'il en fera enfuite remis deux Exemplaires
dans notre Bibliotheque publique, un dans

celle de notre Château du Louvre, & un dans
celle de notre très-cher & feal Chevalier
Garde des Sceaux de France le Sieur Chau-
lin ; Le tout à peine de nullité des Préfentes :
Du contenu defquelles vous mandons & en-
joignons de faire jouir l'Expofant ou fes
ayant caufe pleinement & paifiblement, fans
fouffrir qu'il leur foit fait aucun trouble ou
empêchement. Voulons qu'à la copie defdi-
tes Préfentes, qui fera imprimée tout au
long au commencement ou à la fin dudit
Livre, foi foit ajoutée comme à l'original.
Commandons au premier notre Huiffier ou
Sergent de faire pour l'exécution d'icelles
tous actes requis & néceffaires, fans deman-
der autre permiffion & nonobftant clameur
de Haro, Charte Normande & Lettres à ce
contraires ; Car tel eft notre plaifir. Donné
à Paris le vingt-uniéme jour du mois de May
l'an de grace mil fept cens trente-cinq, &
de notre Regne le vingtiéme. Par le Roy en
fon Confeil.

SAINSON.

*Regiftré fur le Regiftre IX. de la Chambre
Royale des Libraires & Imprimeurs de Paris,
N. 118. fol. 101. conformément aux anciens
Reglemens confirmez par celui du 28. Février
1723. A Paris le 23 May 1735.*

G. MARTIN, *Syndic.*

www.ingramcontent.com/pod-product-compliance
Ingram Content Group UK Ltd.
Pitfield, Milton Keynes, MK11 3LW, UK
UKHW021937070726
13614UKWH00001B/487